# はじめての
# プラズマ技術

飯島 徹穂・近藤 信一・青山 隆司 著
Tetsuo Iijima　Nobukazu Kondo　Takashi Aoyama

森北出版株式会社

●本書のサポート情報をホームページに掲載する場合があります．下記のアドレスにアクセスし，ご確認ください．

http://www.morikita.co.jp/support/

●本書の内容に関するご質問は，森北出版 出版部「(書名を明記)」係宛に書面にて，もしくは下記のe-mailアドレスまでお願いします．なお，電話でのご質問には応じかねますので，あらかじめご了承ください．

editor@morikita.co.jp

●本書により得られた情報の使用から生じるいかなる損害についても，当社および本書の著者は責任を負わないものとします．

■本書に記載している製品名，商標および登録商標は，各権利者に帰属します．

■本書を無断で複写複製（電子化を含む）することは，著作権法上での例外を除き，禁じられています．複写される場合は，そのつど事前に(社)出版者著作権管理機構（電話 03-3513-6969，FAX 03-3513-6979，e-mail:info@jcopy.or.jp）の許諾を得てください．また本書を代行業者等の第三者に依頼してスキャンやデジタル化することは，たとえ個人や家庭内での利用であっても一切認められておりません．

# はじめに

　プラズマは，最新の半導体デバイス作製プロセスや新素材の創製技術においてきわめて重要な役割を果たしている。さらにプラズマ技術は核融合，MHD発電，プラズマディスプレイ，ガスレーザ，有害ガス処理など広範な分野に利用されている。

　本書は，プラズマを利用した仕事に従事しているが，日常の業務に追われ，プラズマについて系統的に学習する余裕のない技術者，また，これからプラズマを利用しようと考えている技術者の方々に対して，プラズマとはなにか，プラズマの基本的な性質，プラズマの発生とその診断法，プラズマの利用技術などについてできるだけ平易にまとめたものである。

　プラズマに関する書物はすでに多数出版されているが，初心者向きのプラズマの啓蒙書では不足を感じ，一般のプラズマ物理学，プラズマ工学に関する書物は高度な数学を用いた記述が多く，はじめてプラズマを学習しようとする者にとって理解するのは容易ではない。そこで本書では，数式は最小限にとどめ，できるだけ図表を多くし，プラズマの全体像が捉えられるように配慮した。

　プラズマとは負の電荷をもつ電子と正の電荷をもったイオンとがほぼ同じ割合で混在し，巨視的には中性になっている状態であるが，この概念を適用すると宇宙全体の物質の99.9％上はプラズマ状態になっていると考えられている。このようなプラズマの状態は，プラズマの温度とプラズマの密度でその特徴を表すことができる。そこで本書では多種多様なプラズマの状態をプラズマの温度と密度のグラフにし，これを簡略化した絵記号を用いて分かりやすく表現した。これは，本書の大きな特徴の一つである。

　また，本書はプラズマの技術に関する入門書であるが，技術的な内容のみにとどまらず，宇宙などに存在する自然界のプラズマについても大きく取り扱っ

た。これは人工的に生成されるプラズマの基本を理解するうえで，自然界のプラズマの知識が有用であると考えたからである。このように自然界のプラズマと人工的なプラズマを対比させた構成も類書にはない本書の特徴の一つといえるであろう。

なお，本書の記述において，単位は原則として国際単位系（SI）を用いたが，それぞれの分野で慣用的に用いられている単位はそのままにし，あえて統一しなかった。単位の換算は巻末に換算表を掲載しておいたので利用していただきたい。

この本を著すにあたり，数多くの文献，成書を参考にさせていただいた。ここにこれらの著者の方々に厚くお礼を申し上げる。

本書は，1999年7月に工業調査会から出版されたものを継続して森北出版より発行をすることになったものである。

2011年7月

著　者

# CONTENTS

はじめに

第1章 プラズマとはなにか
1.1 プラズマ ——————————————————————— 8
1.2 自然界のプラズマ ————————————————————— 10
 1.2.1 地球周辺のプラズマ 10
 1.2.2 宇宙プラズマ 12
1.3 人工的なプラズマ ————————————————————— 13
 1.3.1 熱プラズマ 13
 1.3.2 放電プラズマ 13
1.4 プラズマの状態 —————————————————————— 15
1.5 物質の3態とプラズマ ———————————————————— 17
1.6 プラズマの利用技術 ———————————————————— 18

第2章 プラズマを理解する
2.1 プラズマの物理的性質 ———————————————————— 22
 2.1.1 プラズマの内部に蓄えられるエネルギー 22
 2.1.2 導電性 24
 2.1.3 プラズマの集団的振舞い 26
 2.1.4 プラズマ中の衝突反応素過程 29
 2.1.5 分子の速度分布 31
 2.1.6 電子温度とイオン温度 33
 2.1.7 平均自由行程 35
2.2 プラズマの基礎過程 ———————————————————— 36
 2.2.1 弾性衝突と非弾性衝突 36
 2.2.2 励起および電離 37

2.2.3　電子・イオンの消失　40

# 第3章　プラズマを作る
## 3.1　自然界のプラズマの発生 ―――――――――――――――42
　　3.1.1　地球周辺のプラズマの発生　42
　　3.1.2　宇宙プラズマの発生　50
## 3.2　人工的なプラズマの発生 ――――――――――――――――56
## 3.3　放電プラズマ発生技術 I ―――――――――――――――58
　　――――――直流および低周波放電プラズマ――――――
　　3.3.1　グロー放電プラズマ　60
　　3.3.2　アーク放電プラズマ　64
　　3.3.3　ホロー陰極放電プラズマ　71
## 3.4　放電プラズマ発生技術 II ――――――――――――――75
　　――――高周波放電プラズマ――――
## 3.5　放電プラズマ発生技術 III ―――――――――――――77
　　――――低圧力・高密度プラズマ――――

# 第4章　プラズマを計測する
## 4.1　発光分光法 ―――――――――――――――――――86
## 4.2　吸光法 ――――――――――――――――――――87
## 4.3　プローブ法 ――――――――――――――――――90
## 4.4　レーザビーム法 ――――――――――――――――96
## 4.5　電波探査法 ――――――――――――――――――96

# 第5章　プラズマはどのように利用されているか
## 5.1　半導体プラズマプロセス ―――――――――――――102
　　5.1.1　プラズマ CVD　102
　　5.1.2　スパッタリング　105
　　5.1.3　プラズマエッチング　107
## 5.2　プラズマディスプレイ ――――――――――――――111
## 5.3　プラズマ加工 ―――――――――――――――――114
## 5.4　気体レーザ ――――――――――――――――――116

5.4.1　He-Neレーザ　117
　　　5.4.2　$CO_2$レーザ　119
　　　5.4.3　エキシマレーザ　122
　　　5.4.4　ホロー陰極レーザ　123
　5.5　プラズマスイッチ ──────────────────── 125
　　　5.5.1　サイラトロン　127
　　　5.5.2　クロサトロン　127
　　　5.5.3　イグナイトロン　128
　　　5.5.4　スパークギャップスイッチ　129
　5.6　核融合 ──────────────────────────── 131
　　　5.6.1　自然の核融合炉─太陽─　131
　　　5.6.2　人工核融合　132
　5.7　MHD発電 ─────────────────────────── 137
　5.8　有害ガス処理 ──────────────────────── 139
　5.9　照　明 ──────────────────────────── 140
　　　5.9.1　蛍光灯　140
　　　5.9.2　水銀ランプ　141
　　　5.9.3　ナトリウムランプ　142

参考文献
付　録
さくいん

―――― コラム ――――

| | |
|---|---:|
| レーザで雷を落とす | 44 |
| オーロラ | 49 |
| 木星磁気圏 | 56 |
| 放電プラズマの電流―電圧特性を制御する | 74 |
| 放電プラズマの発光色を変える | 83 |
| 木からエレクトロニクス部品を作る | 109 |
| 白色レーザ | 121 |
| 放電プラズマでダイヤを作る | 130 |
| 常温核融合論争 | 135 |

# 第1章
## プラズマとはなにか

本章では，まずプラズマとはどのようなものかを説明し，続いて自然界に存在するプラズマ，人工的に作られるプラズマを紹介する。これに引き続き，多種多様な自然界のプラズマと人工的なプラズマの全体像を図にまとめた。この図は絵記号として本書の各所に登場する。

また，非常に広範なプラズマの利用技術について，その概要を述べる。

# 1.1 プラズマ

"プラズマ"という言葉の語源は"まぜこぜの状態"や"形成"を意味するギリシャ語の"plassein"である。理工学分野におけるプラズマという言葉は，1928 年アメリカの**ラングミュア**（Langmuir）が荷電粒子の集団（電離気体）に対してプラズマと呼んだのが最初である。ラングミュアはグロー放電の中の陽光柱という部分をしらべ，この部分には負の荷電粒子（電子）と正の荷電粒子（正イオン）が同時に存在するが，ほぼ同じ割合で混在しながらマクロ的には電気的中性状態を保っていることを確かめた。そこで彼は，このような媒質を**プラズマ**（plasma）と名付けた。

普通，物質を構成している原子は電気的に中性であるが，これに加速した電子を衝突させてエネルギーを与えると，エネルギーを与えられた原子からは，その原子核の周りを回っている最外殻の電子が飛び出し，正イオンと電子とに分かれる。これを**電離**という。中性だった気体は，電離によりプラズマ状態へ

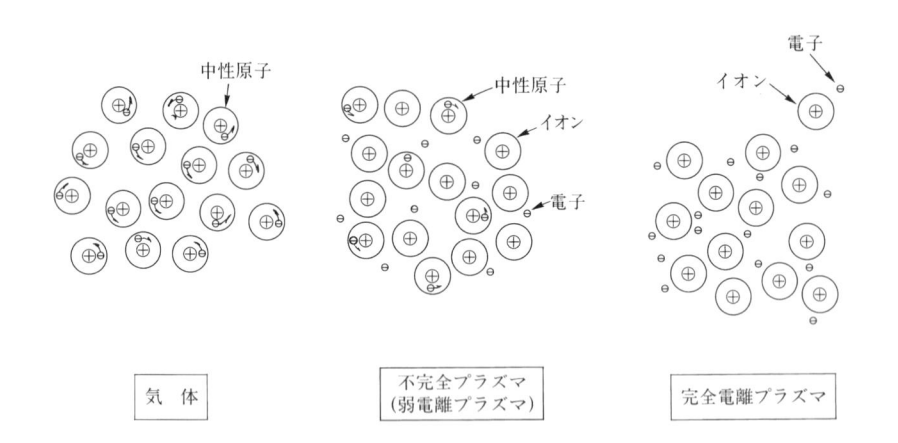

図1.1 気体，不完全プラズマ，完全電離プラズマのモデル図

と変わっていく．このように自由に動きうる電子とイオンが十分存在し，その正負の電荷がバランスして，巨視的には電荷の総和がゼロである状態をプラズマという．図1.1に，中性の気体，不完全プラズマ（弱電離プラズマ），完全プラズマ（完全電離プラズマ）のそれぞれの状態を示す．電子とイオンのみを含む場合，これを完全電離プラズマと呼ぶが，これは理想的な場合であって，通常は中性の原子，分子も混在する弱電離プラズマである．

プラズマでは荷電粒子間に電気的な力が作用する．それと同時に電荷の移動に伴って電流が流れるために，中性気体の場合と比べて，特有の物理的な性質を示す．

最初は放電管という人工的な環境で見出されたプラズマであるが，実際には人工的なものばかりでなく，自然界にもさまざまなプラズマが存在する．本書では工学的に利用される人工的なプラズマを中心に述べていくこととするが，自然現象において数々の知見を与えてくれる自然界のプラズマについてもその一部を紹介する．

---

辞典や工業規格ではプラズマについて次のように定義している．
○『広辞苑』
「自由に運動する正・負の荷電粒子が共存して電気的に中性になっている状態．放電中の放電管内の気体，電離層，恒星の外気などはこの状態にあると考えられる．」
○日本工業規格
・ドライプロセス表面処理用語（JIS H 0211）
「総電荷量がゼロであるようなイオンや電子などの荷電粒子と，原子，分子などの中性粒子からなる気体」
・原子力用語（JIS Z 4001）
「電気的に等価な数の正イオンと自由電子からなる電離気体系．そこに中性粒子が存在するか否かには関係がなく，また系の寸法はデバイ長より大きい．」
※備考　宇宙には豊富に存在するので，物質の第四の状態とよばれることがある．
・電子技術基本用語（基礎編）（JIS C 5600）
「全体的にはほとんど同じ数の正負の自由電荷（正イオン，電子）及び中性の原子又は分子で構成される伝導性のあるイオン化したガス．マクロには電気的に中性である．」

## 1.2 自然界のプラズマ

　自然界で観測されるプラズマといわれて最初に頭に浮かぶものは，身近に体験する雷（落雷現象）であろう。その次には，壮大なオーロラの乱舞であろうか（もっとも日本人である我われには映像をとおして見た経験があるだけであまり身近ではないが）。さらには，燃え盛る太陽（恒星）を思い起こす人も多いであろう。このセクションでは，自然界に存在するプラズマをいくつか紹介しよう。

### 1.2.1　地球周辺のプラズマ

　先にも述べたが，我われに最も身近なプラズマは雷であろう。雷は大気中で自然に起こる一種の放電現象であり，光を発する部分の大気はプラズマ状態にあることが知られている（**写真**1.1）。

**写真1.1　雷**

　地球の表面から上空に向っては**図**1.2のようにいくつかの領域が存在する。図に示すように地上50～1,000 kmの範囲には電離圏（電離層）と呼ばれるプラズマ領域が存在する。電離圏といっても完全に電離しているわけではなく，弱電離プラズマ状態となっている。

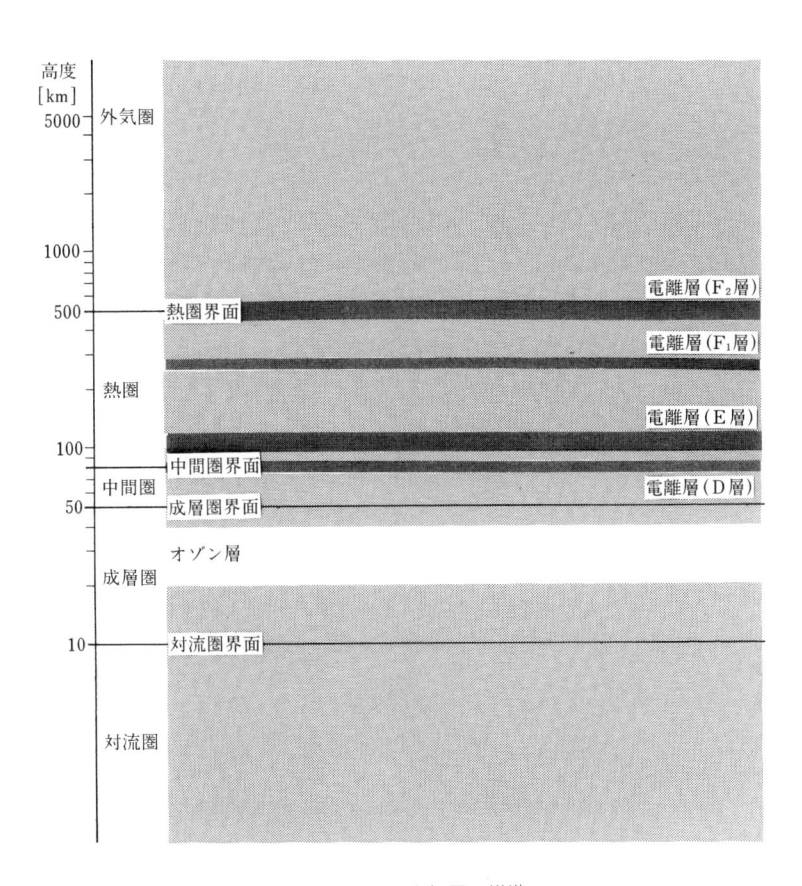

図1.2 大気圏の構造

電離圏のさらに外側の領域も，地球起源のプラズマに満たされている．地球起源のプラズマは地球半径（6370 km）の10倍以上のところまで広がっており，その領域を地球磁気圏と呼んでいる（第3章3.1(3)「磁気圏」参照）．この地球プラズマと，太陽風と呼ばれる太陽からのプラズマの流れとの相互作用により，オーロラをはじめとするさまざまなプラズマ現象が起こっている．

## 1.2.2 宇宙プラズマ

我われの母なる星,太陽は巨大なプラズマのかたまりである。その80%は水素であり,残りの20%はヘリウムと微量の重元素からなる。ガス状のプラズマを球形にまとめているのは自らの重力である。その膨大な重力を支えるため,太陽中心部では非常な高温,高密度状態になり熱核融合が可能となる。この自然の核融合炉で作られたエネルギーが主に光や熱の形で放射され,地球をはじめとする太陽系の惑星やその空間の生命と自然現象の源となっている。

太陽系は9つの惑星をもち,その広がりは直径140億kmにも及ぶ。その膨大な宇宙空間(太陽系空間あるいは惑星間空間と呼ばれている)もまたプラズマに満たされている。このプラズマの源は太陽コロナである。

宇宙には太陽のほかにも無数の恒星が存在する。恒星と恒星の間は真空ではなく,星間物質によって満たされており,その一部は高温のプラズマ状態になっている(**写真**1.2)。

宇宙のいたる所にはさまざまな特徴をもったプラズマが存在する。これら宇宙プラズマを観測することにより,プラズマに満たされた宇宙の状態がしだいにあきらかになってきている。

**写真1.2** 宇宙空間

# 1.3 人工的なプラズマ

自然界の雄大なプラズマに引き続き，ここでは人工的なプラズマについて簡単にその概要を述べる。

### 1.3.1 熱プラズマ

身近な人工的プラズマは燃焼によって生じる火炎プラズマである。ガスバーナーを点火し燃焼すると酸化反応によるエネルギーを放出し，気体が加熱，電離してプラズマが簡単に生成される。大気中でアーク放電を起こすと高温プラズマができるので熱源として利用される。その利用例としてはアーク炉やアーク溶接がある。またダイナマイトの爆発のように多量の発熱を伴う化学反応の場合にもプラズマが発生する。

### 1.3.2 放電プラズマ

気体中に置かれた電極の間に電圧を加えていくと，ある電圧のところで絶縁が破れ，導電現象を示す。これが放電現象である。放電現象には図1.3のように，大きくグロー放電とアーク放電がある。**グロー放電プラズマ**は，身近な蛍光灯やネオンサインなどに応用されている。**アーク放電プラズマ**は，高速道路

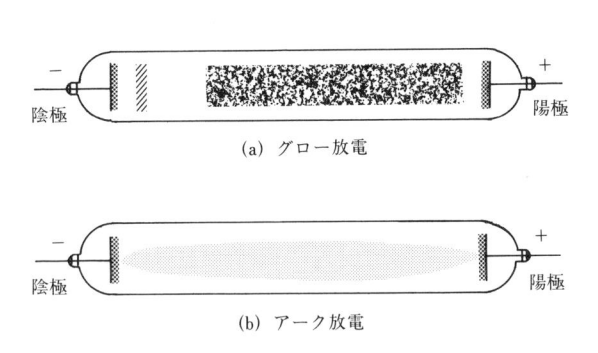

(a) グロー放電

(b) アーク放電

図1.3 グロー放電とアーク放電

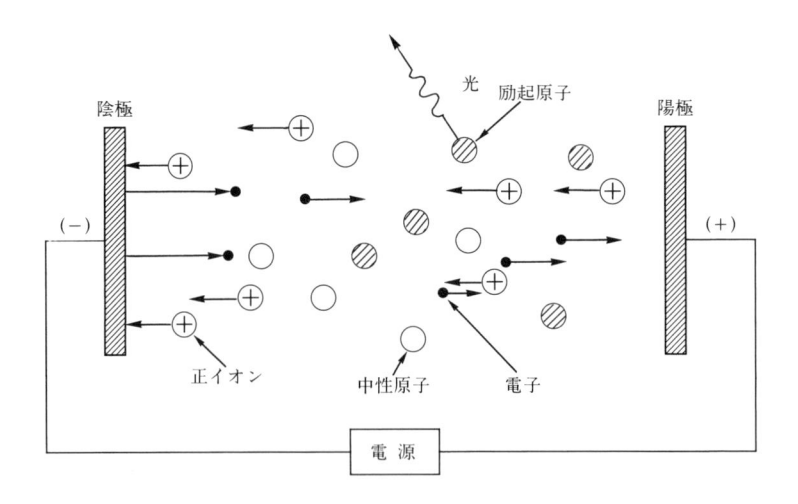

**図1.4** グロー放電プラズマ

の照明などに用いられる高輝度のナトリウムランプなどに応用されている。

グロー放電プラズマは，圧力が0.01～1000［Pa］程度の気体を封入した放電管に電流を流すとき発生する。グロー放電プラズマは電離度の低い弱電離プラズマである。図1.4にグロー放電プラズマのモデルを示す。グロー放電の状態からさらに電流を増加させると放電電圧が低下してアーク放電プラズマになる。

電極にかける電圧を交流電圧にし，MHz以上の高周波で放電すると，通常，放電の開始電圧は低下して放電管に電極がなくても持続放電が可能となる。これが**高周波放電プラズマ**である。このプラズマは薄膜作成のためのプラズマCVDやプラズマ化学の分野で重要なプラズマ源になっている。

周波数をさらに高めて**マイクロ波領域**（$10^3$～$10^4$［MHz］程度）で放電させると，電離度が高くなり，プラズマ密度が高周波放電プラズマに比べて高くなる。このようなプラズマが**マイクロ波プラズマ**である。このプラズマは半導体集積回路製作のためのCVDやエッチングなどに用いられる。

そのほか，強力なレーザ光や高速の粒子ビームでもプラズマを発生させることができる。

## 1.4 プラズマの状態

本書では，多くのプラズマを取り扱うが，ここで代表的なプラズマの状態を，横軸に電子の平均エネルギー（電子温度），縦軸に電子密度をとって表した。図1.5に自然界のプラズマを，図1.6に人工的なプラズマをまとめた。また，プラズマの理解への一助となるよう，このプラズマの状態図を縮小し，絵記号として各種プラズマの説明箇所に掲載した。

なお，ここでは横軸に電子温度をとったが，本来プラズマの温度はプラズマ

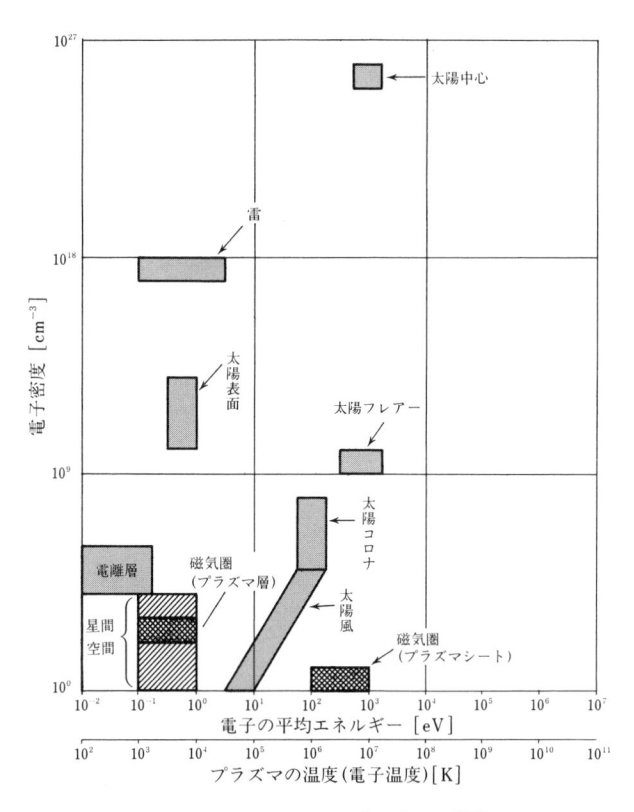

図1.5 自然界のプラズマの状態

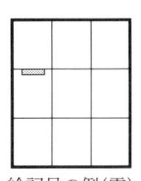

を構成している各種粒子（電子，イオン，原子・分子など）に関して，それぞれ粒子の温度（電子温度，イオン温度，気体温度など）で示さなければならず，通常はこれらの温度は異なる。これはプラズマ中に存在するこれらの粒子あるいはそれらのエネルギー状態で熱平衡が成り立っていないためである。

また，縦軸に関しては，プラズマ状態では電気的中性条件から電子密度 $n_e$ とイオン密度 $n_i$ とはほぼ同じになり，

$$n_e \approx n_i = n$$

という関係が成り立っている。このときの $n$ をプラズマの密度と呼んでいるので，電子密度で代表させることとした。

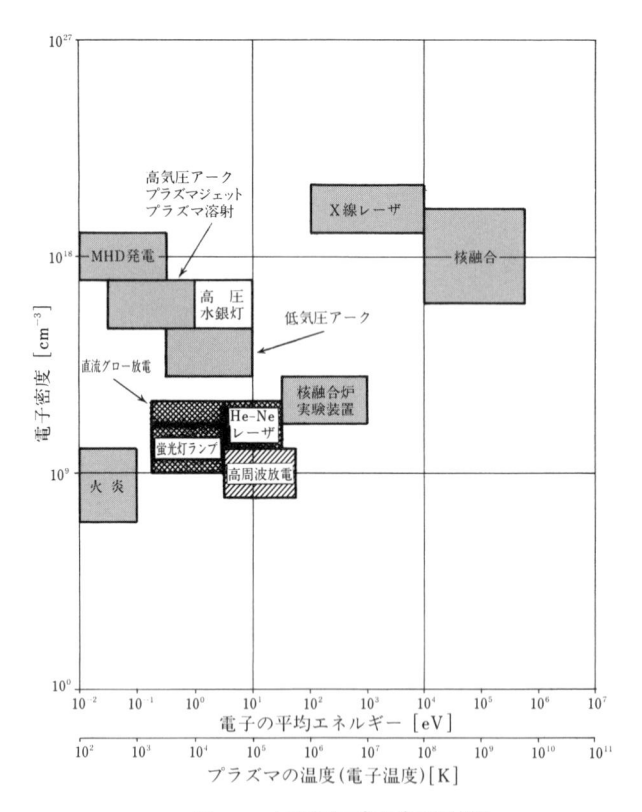

図1.6 人工的なプラズマの状態

# 1.5　物質の3態とプラズマ

　通常，物質は図1.7に示すように，固体，液体，気体の状態で存在する。これらを物質の3態と呼んでいる。温度が低く最も安定した状態が固体で，温度が高くなると，液体になり，気体になる。プラズマはこれら物質の3態に続く「**第4の状態**」ともいわれる。

　気体中では，分子や原子が速い速度で動き回り，互いに何度も衝突を繰り返して不規則に走り回っている。本章の最初でも説明したように，このような激しい衝突によって分子や原子は破壊され，イオンと電子に分かれる。この現象を電離と呼んでいる。多数の原子が電離されると正電気を帯びたイオンと負電気を帯びた電子の集団ができる。このような集団がプラズマである。プラズマ状態ではイオンと電子がそれぞれの電荷を打ち消しあって，全体として電気的

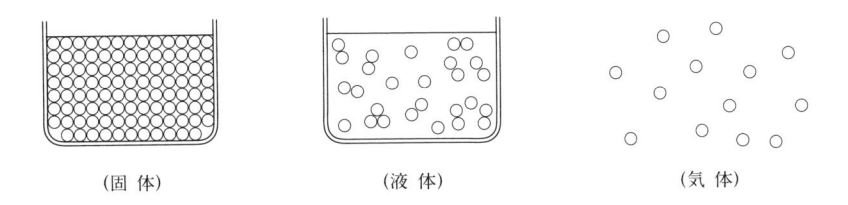

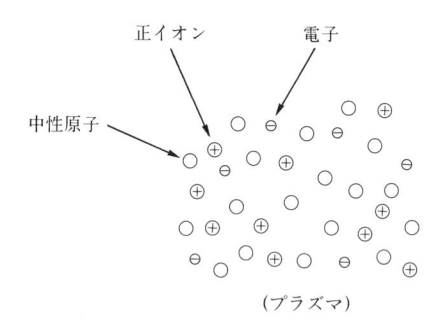

図1.7　物質の3態とプラズマ状態のモデル図

に中性が保たれている。

また，定義的にはプラズマは気体の状態ばかりでなく，固体や液体の状態でもよい。例えば電子が自由に動きまわる金属中や，正負イオンの存在する電解液などもプラズマとみなせる。これらは，**固体プラズマ**，**液体プラズマ**と呼ばれる。

## 1.6 プラズマの利用技術

プラズマは電子，イオンなどの荷電粒子と，原子，分子などの中性粒子からなる気体であり，通常の中性粒子のみからなる気体にはない，いろいろな熱的，電磁気的，化学的，光学的特質をもっている。これらの特質を活かしたプラズマの利用技術が考えられている。プラズマは電子エネルギーや電子密度の範囲によってその特質が変わるため，これにより，おおまかな応用範囲の分類ができる。プラズマの応用技術やその基礎となる分野を図1.8に樹木図としてまとめた。

プラズマの利用技術ですぐに思いつくものとして**核融合**が挙げられる。人工核融合は，重水素プラズマを空間内（核融合炉）に閉じ込めることによって核融合反応を起こさせ，そのエネルギーを取り出そうとするものである。

プラズマの**熱的利用**としてはアーク放電プラズマのエネルギー集中度を大きくして高温度が得られるようにしたプラズマジェットによる金属の板や棒の切断，プラズマ溶射，金属材料の各種熱処理，プラズマ溶接がある。

またプラズマを利用した**生成・分解**の分野では微粒子・超微粒子の製造，結晶成長，酸化皮膜の生成，シリコン太陽電池の製造，工業ダイヤモンドの合成，新材料の創生，プラズマ精錬，産業廃棄物の分解・処理，オゾン発生装置（オゾナイザー），フロン分解処理システムがある。

**化学反応活性化**のためのプラズマ利用技術としては微細加工の分野の半導体プラズマプロセス（プラズマCVD，プラズマエッチング，スパッタリング，イオンプレーティング）がある。

**表面処理**のためのプラズマ利用技術としては放電洗浄，プラズマ表面処理が

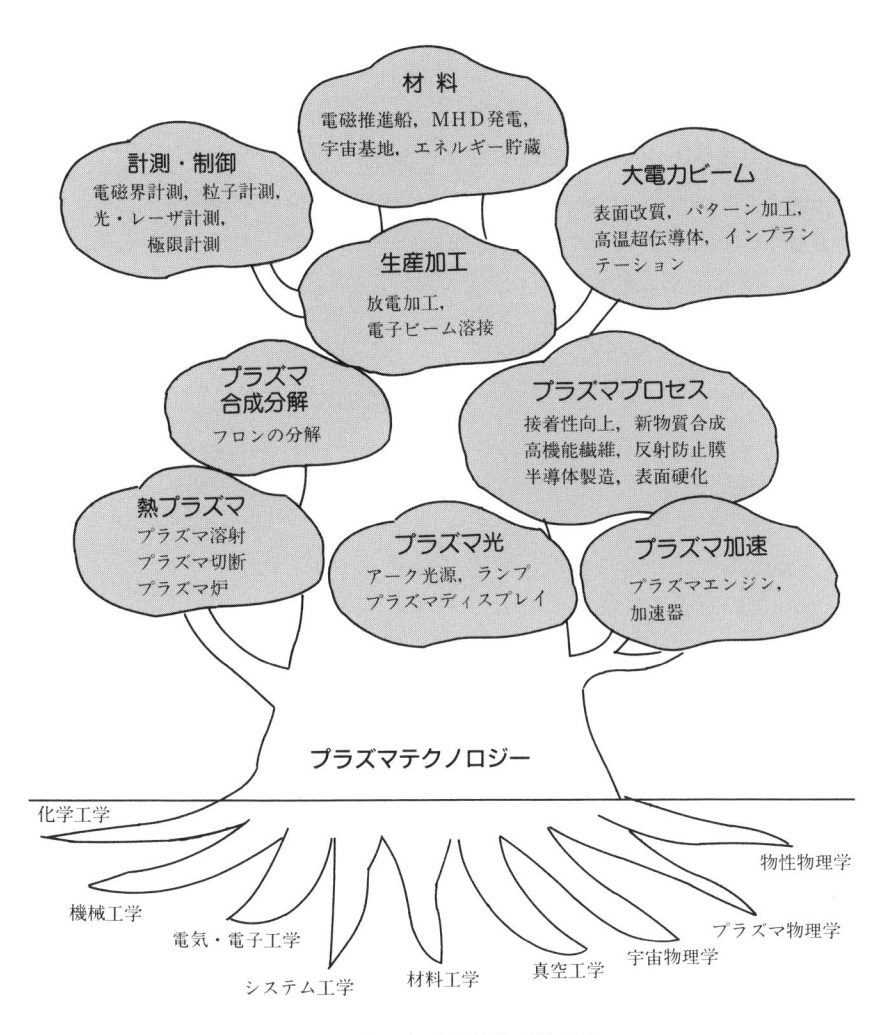

**図1.8** プラズマ利用技術の樹木図

ある。

　プラズマ中の各種粒子の量子エレクトロニクスへの応用としては気体レーザ（He-Ne レーザ，He-Cd レーザ，アルゴンイオンレーザ，炭酸ガスレーザ，エキシマーレーザ）がある。

**電磁流体**としてのプラズマ利用技術としては，プラズマ推進技術がある。その代表的なものとしてプラズマロケットエンジン，レールガンがある。また直接発電の分野の技術としてはMHD(magneto-hydro-dynamic）発電，熱電子発電，電気流体力学発電（EHD）などがある。

　**光源**としてのプラズマ利用技術としては放電管プラズマ照明（蛍光灯，ネオンサイン，水銀灯，ナトリウムランプ），プラズマディスプレイ，オーロラシミュレータなどがある。

# 第2章
## プラズマを理解する

この章では,プラズマの状態を理解するための基礎的な項目を解説する。
前半では,プラズマを巨視的に捉え,その物理的性質を説明し,後半では微視的な立場から原子,分子の反応の基礎過程について述べる。

# 2.1 プラズマの物理的性質

## 2.1.1 プラズマの内部に蓄えられるエネルギー

プラズマはそれを構成している粒子が質量をもっているため，粒子の温度または密度が上昇すると，熱運動に伴うエネルギーが増大する。このことはプラズマが熱エネルギーを供給する熱源となると同時に，それを取り囲む壁面に圧力を及ぼすことを意味している。図2.1に熱運動のモデルを示す。

一方，プラズマの構成粒子である原子，分子，イオンは図2.2(a)に示すように原子核と電子から構成されているから，電子が上位のエネルギー準位に励起されたり，分子または分子状イオンの場合には振動または回転状態に励起される（図2.2(b)）。このような粒子は励起状態にあるので，図2.2(c)のように基底状態にある粒子より余分なエネルギーをもっていることになる。

プラズマを熱源（ヒートシンク）としてみるとき，その系から利用できるエネルギーは，プラズマの系の内部に蓄えられる全エネルギーである。プラズマのもつエネルギーとしては個々の粒子の熱運動エネルギー，粒子の励起状態に

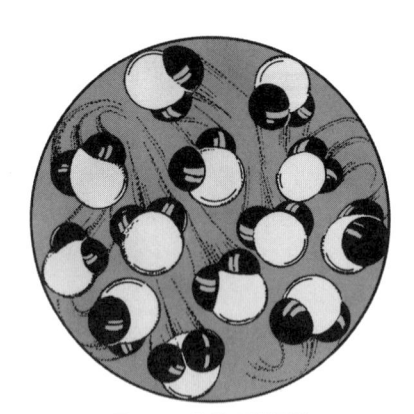

図2.1 分子の熱運動

関係する励起エネルギー，分子の解離エネルギー，原子，分子の電離エネルギーなどがあり，これらを**内部エネルギー**と呼んでいる．温度が高くなればなるほど，この内部エネルギーは増大するため，高温プラズマはきわめて有効な熱源になる．

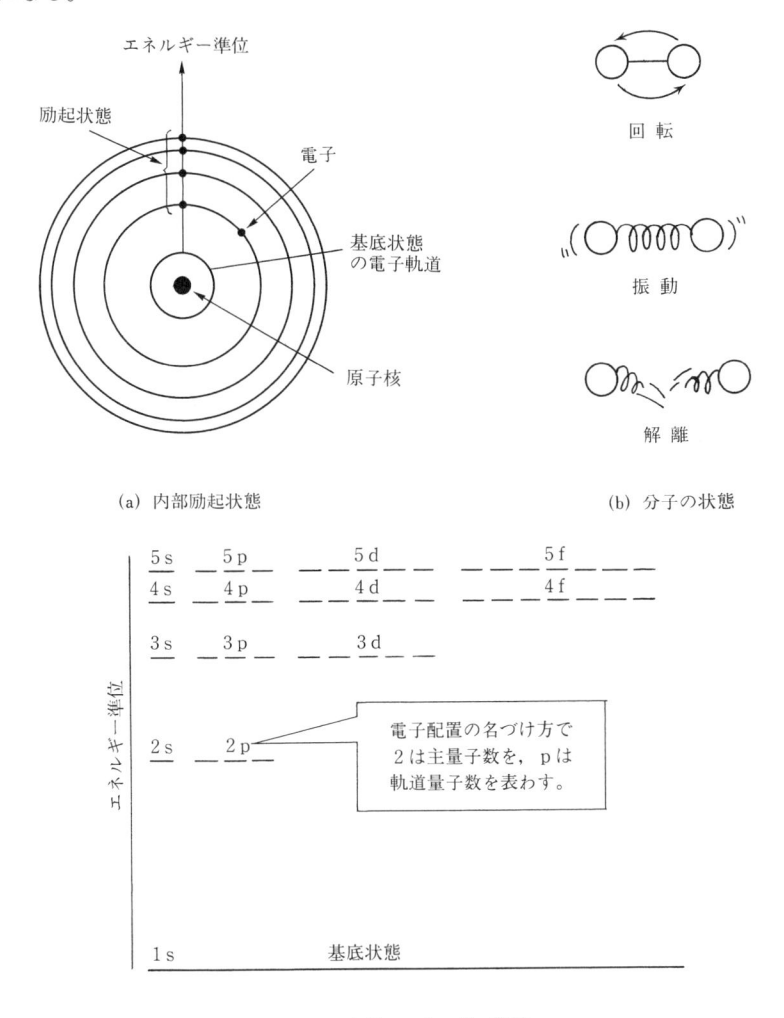

(a) 内部励起状態　　(b) 分子の状態

電子配置の名づけ方で2は主量子数を，pは軌道量子数を表わす．

(c) 水素のエネルギー準位

図2.2　原子・分子の励起状態

表2.1 水素の内部エネルギー

| 温度 [K] | 状態 |
|---|---|
| 常温 | 熱運動, 回転 |
| 2,000〜3,000 | 振動, 解離開始 |
| 10,000 | 解離 |
| 10,000 以上 | 電離 |

　ここで0℃で1.2気圧となる水素の内部エネルギーが温度の上昇するのに伴ってどのように変化するか調べてみる(**表2.1**)。

　① 常温での内部エネルギーは水素分子の**熱運動**と**回転**のエネルギー成分の和となる。

　② 温度が上昇し，2,000〜3,000[K]になると**振動**は励起状態になるとともに水素分子の**解離**が始まる。

　③ 約10,000[K]に達すると水素分子は完全に2つの原子に解離してしまい内部エネルギーはほぼ熱運動エネルギーと解離エネルギーの和となる。

　④ 温度がさらに上昇すると原子内の電子が励起し始めて**電離**が活発に起こり，イオンと電子に分離するようになる。完全電離プラズマになると内部エネルギーは熱運動エネルギー，解離エネルギー，電離エネルギーの和になる。

　**プラズマの圧力**はプラズマの構成粒子である原子，分子，イオンの内部励起エネルギーには無関係で，空間的な粒子の移動に伴う熱エネルギーに関係し，プラズマ中に含まれる各粒子の密度と温度の積の総和で与えられる。式で示せば，

$$\text{プラズマの圧力} = \sum (\text{各粒子の密度} \times \text{温度})$$

である。

### 2.1.2　導電性

　プラズマに電界が印加されると荷電粒子であるイオンと電子の移動に伴ってプラズマ中に電流が流れ，プラズマに導電性が生じる。通常，電界の印加に伴って流れる電流はイオンに比べて軽い電子によるものである。弱電離プラズマ

では電子と中性の原子および分子間の衝突が電子の移動を妨げるため**導電率**はある値に落ち着く。強電離プラズマでは電子とイオン間の衝突が導電率の妨げになる。

　**プラズマの導電率** $\sigma$ は

$$\sigma \approx \frac{e^2 n_e}{m_e \nu} \tag{2.1}$$

で与えられる。ただし，$e$：電子の電荷，$n_e$：電子密度，$m_e$：電子の質量，$\nu$：衝突頻度である。

　完全電離プラズマの場合には

$$\sigma \approx T_e^{\frac{3}{2}} \tag{2.2}$$

になる。ただし，$T_e$ は**電子温度**である。

　完全電離プラズマで導電率が電子密度あるいはイオン密度によらないのは，電荷を運ぶ電子が増えると衝突相手のイオンも比例して増大するためである。また，衝突する際の相対速度はほとんど軽い電子の熱速度で決まるから，導電率は実質的に電子温度のみの関数となる。

　導電率を上昇させるにはプラズマ中に**電離電圧**の低いアルカリ金属などを添加するとよい。**表 2.2** に希ガスとアルカリ金属の電離電圧を示す。原子的に安定な希ガスに比べ，アルカリ金属の電離電圧がかなり低いのが分かる。

表 2.2　希ガスおよびアルカリ金属の電離電圧

|  | 元素 | 電離電圧 [V] |
|---|---|---|
| 希ガス | He | 24.6 |
|  | Ne | 21.6 |
|  | Ar | 15.8 |
|  | Kr | 14.0 |
|  | Xe | 12.1 |
| アルカリ金属 | Na | 5.1 |
|  | K | 4.3 |
|  | Cs | 3.9 |

## 2.1.3　プラズマの集団的振舞い

（1）　プラズマ振動

　熱平衡状態にある気体の密度分布は巨視的にみると一様であるが，微視的にみると決して一様でなく，図2.3のように密度分布にゆらぎが起こっている。プラズマ中でもある場所の電子密度が大きくなり，電荷密度の空間分布がわずかでも一致しなくなると，電気的な中性条件が破壊され電子はただちに応答して空間電荷を中和する方向に移動する。ところが電子は微小ながら質量をもつので，慣性のために平衡状態を行き過ぎてしまい，再び中和方向に復帰しよう

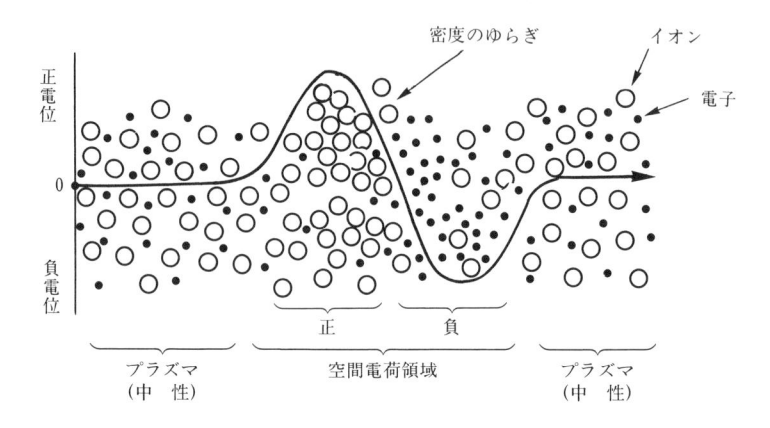

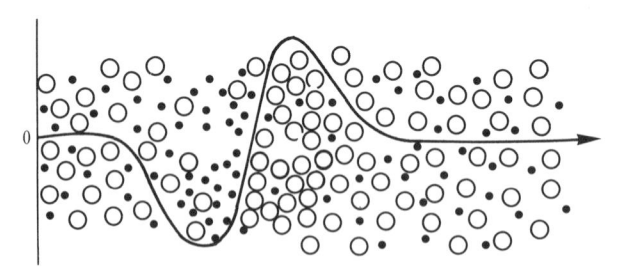

図2.3　プラズマ振動の発生

とする。この過程の繰り返しの結果として振動が起こる。これを**プラズマ振動**と呼んでいる。

プラズマ振動の周波数 $f_\mathrm{p}[\mathrm{Hz}]$ は

$$f_\mathrm{p} \simeq 9.0 \times 10^3 \sqrt{n_\mathrm{e}} \tag{2.3}$$

で与えられる。ただし，$n_\mathrm{e}$ は電子密度 $[\mathrm{cm}^{-3}]$ である。

例えば電子密度 $n_\mathrm{e}=10^{10}[\mathrm{cm}^{-3}]$ のプラズマでは，プラズマ振動周波数 $f_\mathrm{p}=898[\mathrm{MHz}]$ となり，マイクロ波領域である。

（2） プラズマ周波数とデバイ遮蔽

**プラズマ周波数**は，プラズマ内部に発生した電界を遮蔽する時間的応答の尺度である。例えば電離層プラズマに電磁波が入射すると，電磁波の周波数がプラズマ周波数より十分に高ければ電子は応答しきれずに電波は電離層を通過して伝搬するようになる。したがって，図2.4のように，このような周波数の電磁波を使えば地上と人口衛星との通信が可能になる。逆にプラズマ周波数より周波数の低い電磁波を使えば，地上波を電離層で反射させて，地球の裏側までの遠距離通信が可能になる。

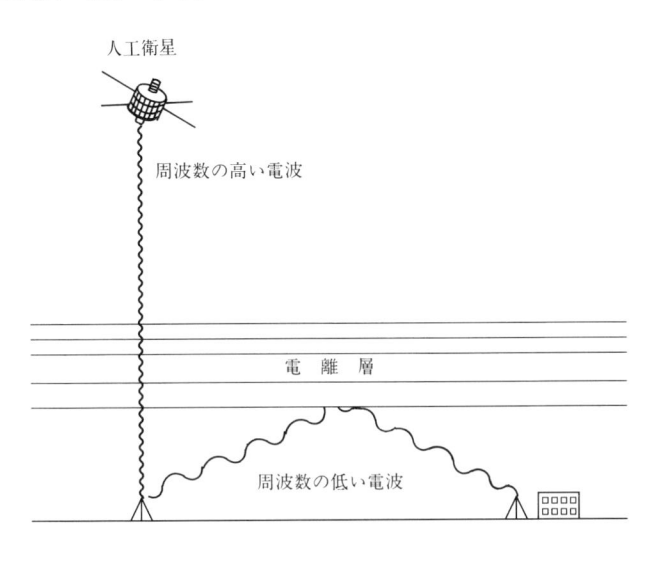

図2.4 電離層と通信周波数

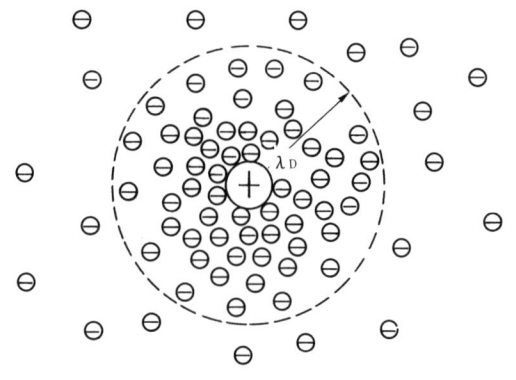

**図 2.5** デバイ長（$\lambda_D$）の図解

　一方，プラズマが内部の電界を空間的に遮蔽する効果が**デバイ遮蔽**（Debye shielding）である．いま，図 2.5 のように 1 個の荷電粒子（正イオン）に注目する．荷電粒子によって生じるクーロン電界の影響範囲に多数の電子が分布しているとする．これらの電子はイオン電界による力を受けるから電界を遮蔽してしまう．結果として局所的な電界の拡がりが遮蔽される特性距離（$\lambda_D$）は，

$$\lambda_D = \sqrt{\frac{\varepsilon_0 k T_e}{n_e e^2}} = 7.4 \times 10^3 \sqrt{\frac{T_e}{n_e}} \quad [\text{m}] \tag{2.4}$$

で与えられる．ただし，$\varepsilon_0$ は真空中の透磁率，$e$ は電気素量，$k$ はボルツマン定数，$T_e$ は電子温度，$n_e$ は電子密度である．ここで $\lambda_D$ は**デバイ長**と呼ばれている．蛍光灯のようなグロー放電プラズマのデバイ長は 0.01 mm 程度であるが，宇宙空間プラズマでは 2～30 m になる．

（3）波動現象

　プラズマ中では電子とイオンという荷電粒子が存在するため，電気的な相互作用により，いろいろな形態の波が伝播する．例えば，縦波としてのイオン音波，電子プラズマ波，横波としての電磁波などがある．これらの波を**プラズマ波動**と呼んでいる．プラズマ波動の伝搬には電界と磁界が伴うため，プラズマ中の電子やイオンなどの荷電粒子の運動にも影響を与え，プラズマ波動と荷電粒子間に相互作用を生じる．

## 2.1.4 プラズマ中の衝突反応素過程

プラズマ中ではイオン,電子および中性の分子,原子間またはこれらの粒子と固体壁間の非弾性衝突が起きている。その結果,種々の衝突反応はプラズマの物理現象にも影響を及ぼすようになる。

衝突反応が利用されるプラズマは,グロー放電のように**電子温度**と**ガス温度**の間で平衡状態が成立しない,いわゆる**非平衡プラズマ**であり,このプラズマ中で起こる衝突反応過程はきわめて複雑である。**表**2.2に弱電離プラズマ中の主な衝突反応素過程を示す。

まず,荷電粒子である電子($e$)とイオン($A^+$)の発生は,主として電子衝突による**直接電離**または**累積電離**によるが,準安定原子同士の衝突による電離によっても起こる。これらの荷電粒子の消滅は主として**放射再結合**と**解離再結合**による。

そのほか,弱電離プラズマ中では原子の励起,分子の振動励起や回転励起,負イオン反応過程,分子イオンの形成反応,電荷交換反応などいろいろな反応現象が起こっている。

表2.3 弱電離プラズマ中の主な衝突反応素過程

| | | |
|---|---|---|
| 励 起 | $A+e \longrightarrow A^*+e$ | (電子衝突) |
| 電 離 | $A+e \longrightarrow A^++2e$<br>$A^m+e \longrightarrow A^++2e$<br>$A+B^m \longrightarrow A^++B+e$<br>$A^m+A^m \longrightarrow A^++A+e$ | (直接電離)<br>(累積電離)<br>(ペニング電離)<br>(準安定原子同士による<br>衝突電離) |
| 解 離 | $AB+e \longrightarrow A+B+e$<br>$(AB)^++e \longrightarrow A^++B+e$ | (イオン解離) |
| 再結合 | $(AB)^++e \longrightarrow AB+h\nu$<br>$A^++e \longrightarrow A+h\nu$<br>$(AB)^++e \longrightarrow A^*+B^*$<br>$A^++B^- \longrightarrow A+B$ | (放射再結合)<br>(解離再結合)<br>(イオン再結合) |
| 電荷交換 | $A+B^+ \longrightarrow A^++B$ | |

A, B : 中性原子　　$A^*, B^*$ : 励起原子　　$A^+$ : 正イオン　　$e$ : 電子
AB : 中性分子　　　$A^m$ : 準安定原子　　$B^-$ : 負イオン　　$h\nu$ : 光子
$(AB)^+$ : 分子イオン

具体的に気体レーザの放電管中の衝突反応過程を調べてみる。用いたレーザはホロー陰極 He-Zn 金属蒸気レーザである。図 2.6 に He と Zn の反応過程のエネルギー準位を示す。He-Zn 金属蒸気レーザのレーザ発振線の波長は 491.1 nm，492.4 nm，610.2 nm，589.4 nm，747.9 nm である。これらの発振線の上準位は主として電子衝突による **2 段階励起**，**電荷交換反応**，**ペニング励起**などで励起されている。

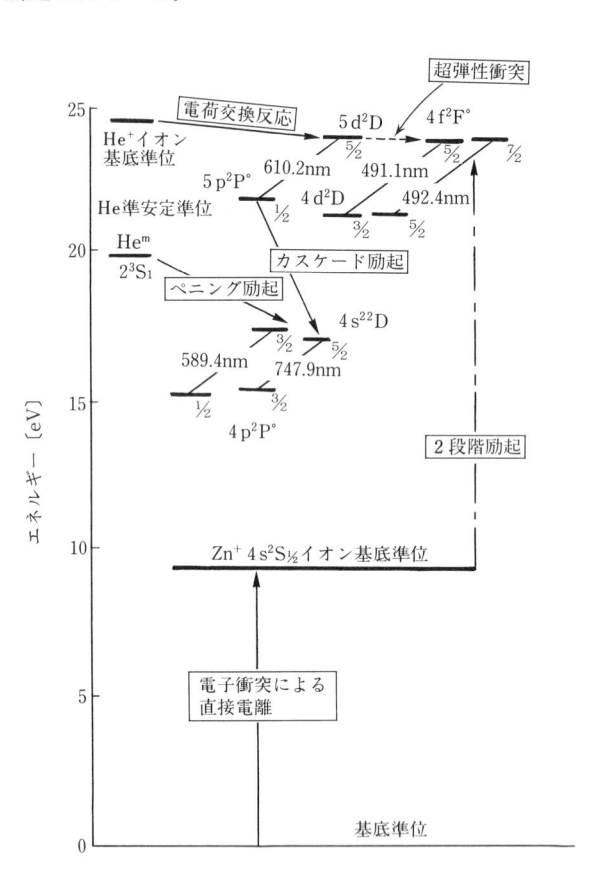

図 2.6 He-Znホロー陰極レーザ放電プラズマにおけるレーザ上準位への衝突反応励起過程

## 2.1.5 分子の速度分布

気体中の原子・分子，電子は一般に無秩序に運動している。系が熱平衡状態にあるとき，気体分子，原子，あるいは電子の速度分布は Maxwell 分布をしていることが知られている。

> **Maxwell の速度分布則**
>
> いま分子の総数 $N$ 個の集団を考える。速度の大きさが $v$ と $v+dv$ の間にある分子の数を $dN$ とすると，速度分布関数 $f(v)$ は
>
> $$dN = Nf(v)dv \tag{2.5}$$
>
> と表すことができる。ここで $f(v)dv$ は
>
> $$f(v)dv = \frac{4}{\sqrt{\pi}}\left(\frac{m}{2kT}\right)^{3/2} v^2 \exp\left(-\frac{mv^2}{2kT}\right)dv \tag{2.6}$$
>
> で与えられる。ここで，$m$：分子の質量，$k$：ボルツマン定数，$T$：絶対温度，である。なお，この速度分布関数は気体が熱平衡状態にあり，分子同士の衝突はすべて完全弾性衝突をしている場合に成り立つものである。

(2.6)式で与えられる分布が気体分子の熱運動に関する Maxwell の速度分布則と呼ばれているものである。この関数を図示すると図 2.7 のような山形曲

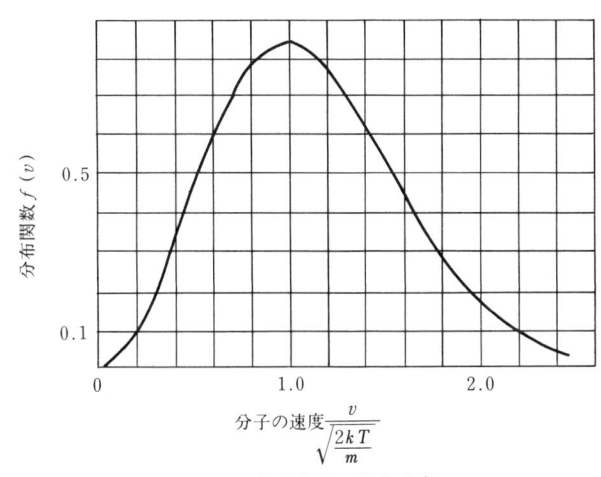

図 2.7 気体分子の速度分布

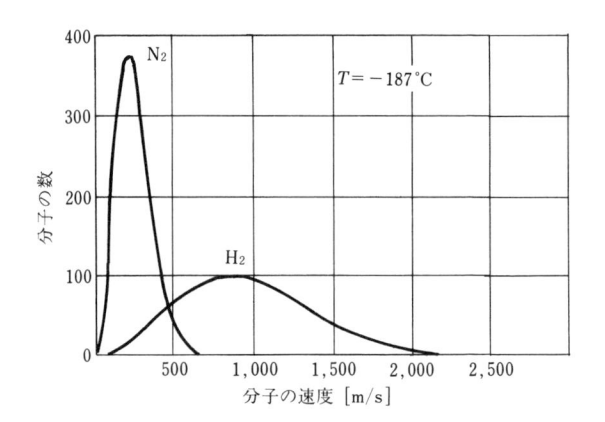

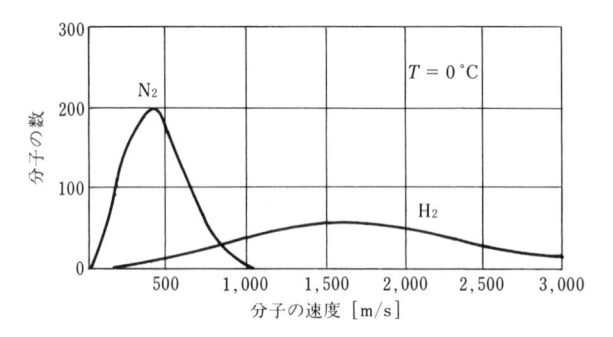

(縦軸は分子の総数を$10^7$個とし、速度幅$dv$を1 [cm/s] としたときの分子の数を表わす)

図2.8　$H_2$分子および$N_2$分子の速度分布

線になる。図2.8に質量が小さい水素分子（分子量2）と質量が大きい窒素分子（分子量28）について $T=0℃$ および $T=-187℃$（液体空気の沸点）の気体分子の速度分布の様子を示す。分布関数は分子の質量と温度によって変わり、温度が高くなるほど、または分子の質量が小さくなるほど、速度の大きい分子が数多く存在することを示している。

## 2.1.6 電子温度とイオン温度

放電プラズマ中では電子とイオンは印加されている電界からエネルギーを得る。また，構成粒子間あるいは構成粒子と器壁の衝突が活発に起きている。電子は質量が軽いため大きく加速され，電界から大きな運動エネルギーを得る。一方，電子は分子，原子，イオンと衝突してエネルギーを失うが，重い粒子へのエネルギーの移行はごくわずかである。イオンは，電子に比べ電界からわずかしかエネルギーを吸収できないものの中性原子・分子の平均エネルギーよりわずかに大きいエネルギーをもつ。中性原子・分子はイオンや電子との衝突によって2次的に電界のエネルギーを得るが本質的には室温を保つ。

---

気体原子の温度 $T$ は

$$\frac{1}{2}m\bar{v}^2 = \frac{3}{2}kT \tag{2.7}$$

で与えられる。ただし，$m$：原子の質量，$\bar{v}^2$：二乗平均速度，$k$：ボルツマン定数，$T$：原子温度，である。

電子とイオンのエネルギー分布についても Maxwell-Boltzmann 分布に従うと考えられるので，

$$\frac{1}{2}m_i\bar{v}_i^2 = \frac{3}{2}kT_i \tag{2.8}$$

$$\frac{1}{2}m_e\bar{v}_e^2 = \frac{3}{2}kT_e \tag{2.9}$$

が成立する。ただし，$m_i$：イオンの質量，$\bar{v}_i^2$：イオンの二乗平均速度，$T_i$：イオン温度，$m_e$：電子の質量，$\bar{v}_e^2$：電子の二乗平均速度，$T_e$：電子温度，である。

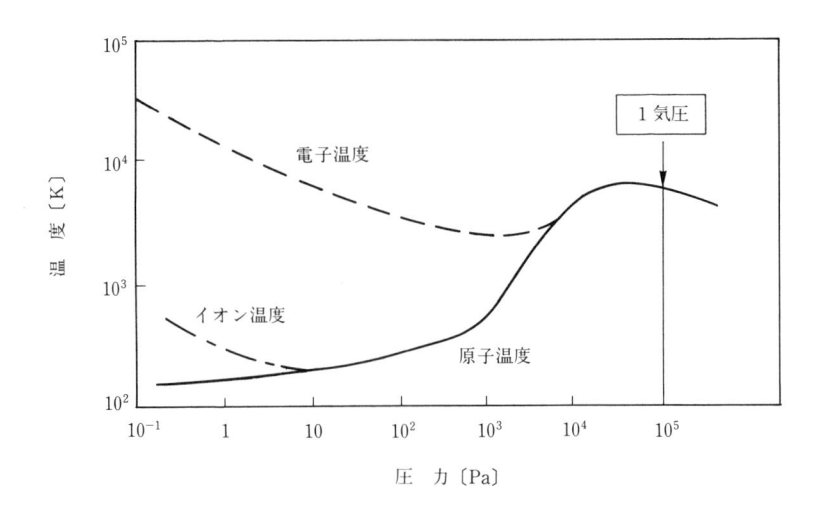

**図 2.9** プラズマの圧力と各種温度との関係

**表 2.4** 典型的な放電プラズマの電子温度，イオン温度，ガス温度

|  | 電子温度 [K] | イオン温度 [K] | ガス温度 [K] |
|---|---|---|---|
| グロー放電 | 23,200 | 500 | 293 |
| アーク放電 | 6,500 | 6,500 | 6,500 |
| 高圧水銀放電 | 7,500 | 7,500 | 7,500 |

　プラズマの圧力と各種温度との関係を**図 2.9** に，典型的な放電プラズマの電子温度，イオン温度，原子温度を**表 2.4** に示す．特徴的なのは，熱的に非平衡状態にあるグロー放電の例である．グロー放電のプラズマ中の平均電子エネルギーは約 2[eV] で，23,200[K] の電子温度に相当する．イオン温度は電界からわずかのエネルギーを得ることができるので，気体温度の 293[K] より少し高い 500[K] である．そのほかの放電は，平衡状態にあるため温度差がない．

## 2.1.7 平均自由行程

気体分子は絶えず分子同士が衝突を繰り返している。ある衝突から次の衝突までの間に運動する距離を自由行程といい，その平均値を**平均自由行程**という（図2.10参照）。気体分子の速度分布がMaxwell分布則で表されるとき，平均自由行程 $\bar{\lambda}$ は

$$\bar{\lambda} = \frac{1}{\sqrt{2}\,\pi n \sigma^2}$$

ただし，$n$：気体分子の密度[個/cm³]，$\sigma$：分子の直径[cm]，である。一定の温度においては，圧力 $P$ と $n$ は比例するので，

$$\bar{\lambda} \propto 1/P$$

である。特に $N_2$ ガス（空気）の場合の平均自由行程は近似的に次の式で求めることができる。

$$\bar{\lambda} \simeq \frac{5 \times 10^{-3}}{P}[\text{cm}]$$

ただし，圧力 $P$ の単位は[Torr]である。

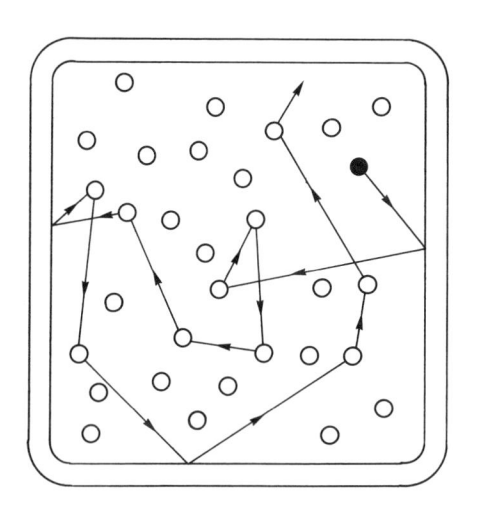

図 2.10　気体分子の衝突と自由行程

表2.5 各種気体の分子および電子の平均自由行程

| 気体 | He | Ne | Ar | N$_2$ | O$_2$ | H$_2$ | Hg |
|---|---|---|---|---|---|---|---|
| $\lambda_g$[cm] | 0.014 | 0.0096 | 0.0048 | 0.0045 | 0.0049 | 0.0085 | 0.00165 |
| $\lambda_e$[cm] | 0.077 | 0.054 | 0.027 | 0.026 | 0.028 | 0.048 | 0.0093 |

$\lambda_g$：分子の平均自由行程 (25℃, 1 Torr)
$\lambda_e$：電子の　〃

表2.6 空気の場合の平均自由行程

| 760[Torr] | 1 | $10^{-3}$ | $10^{-4}$ | $10^{-5}$ | $10^{-6}$ |
|---|---|---|---|---|---|
| 8.5×$10^{-6}$ cm | 6.5×$10^{-3}$ cm | 6.5 cm | 65 cm | 6.5 m | 65 m |

　この平均自由行程は気体分子の大きさに依存し，圧力の上昇（気体分子密度の増大）とともに減少する．また，各種気体中における電子の平均自由行程は気体分子自体の平均自由行程の$4\sqrt{2}$倍の値をもつ．表2.5に各種気体の分子および電子の平均自由行程を示す．表2.6に，空気の圧力を低くしていったときの平均自由行程の変化を示す．気体の種類よりも圧力を変えたときの方が，変化が顕著であることがみてとれる．

## 2.2 プラズマの基礎過程

### 2.2.1 弾性衝突と非弾性衝突

　プラズマ中には中性の気体原子，分子および荷電粒子としての電子，イオンが多数存在し，これらの粒子間で衝突が頻繁に起こっている．弾性衝突は粒子間の衝突で内部エネルギーが変化しないで，運動エネルギーのみが交換される衝突である．非弾性衝突は粒子の内部エネルギーが変化して励起，電離，解離などが起こる衝突である．

質量の軽い電子と他の重い粒子との弾性衝突で電子が1回に交換する運動エネルギーはわずかであるが，衝突の回数はきわめて多く，電子のエネルギー分布に影響を与える。グロー放電のプラズマ中の電子温度はイオン温度に比べてかなり高くなっているが，これは電子とイオンとでは中性粒子と弾性衝突するときの運動エネルギーの損失割合が違うことが一因となっている。

### 2.2.2 励起および電離

原子または分子に外部からエネルギーを与えると，内部エネルギーがより高い状態に遷移する（図2.11）。このような状態を**励起状態**と呼んでいる。励起の方法には，電子の運動エネルギーを用いる電子衝突励起，光子エネルギーを用いる光励起，熱エネルギーを用いる熱励起がある。ヘリウム中性原子のエネ

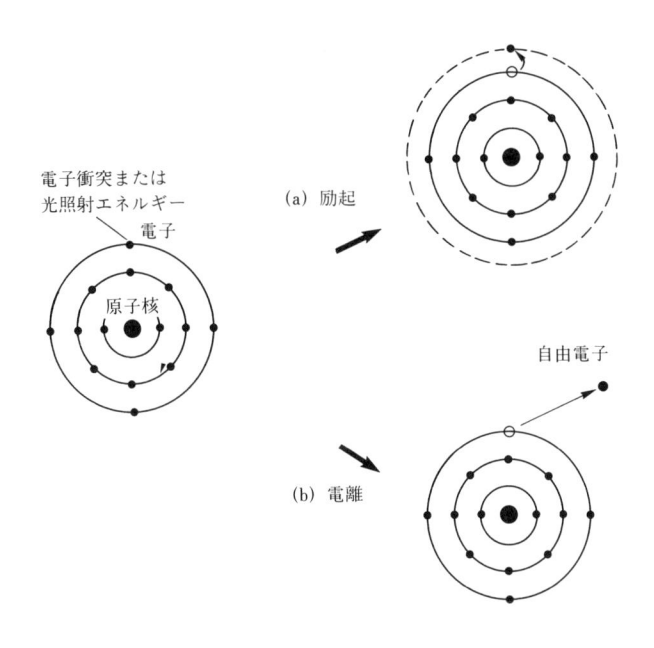

図2.11　励起および電離のモデル

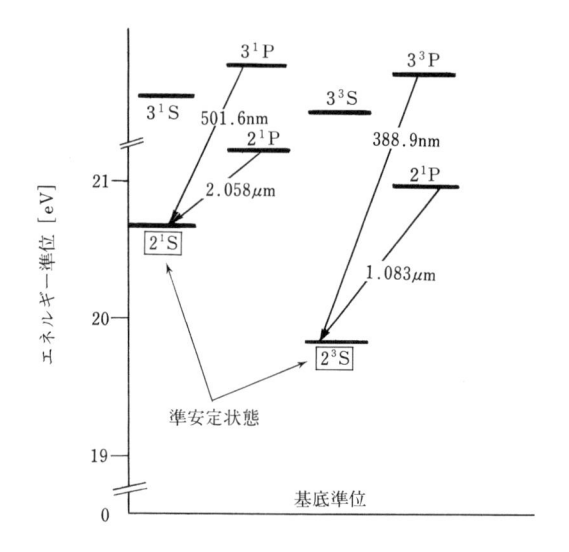

**図 2.12** He のエネルギー準位図

ルギー準位図を**図 2.12** に示す。基底状態にある原子のエネルギーを基準にして励起状態のエネルギーを示してある。通常，励起された原子（励起状態の寿命は約 $10^{-8}$ 秒）は光を放出してより低いエネルギー準位に落ちる。しかし $2^3S_1$ 準位や $2^1S_0$ 準位のように基底準位への光学的遷移が禁止されている場合にはこれらの準位の寿命は長く（$10^{-2}$〜$10^{-5}$ 秒）なる。このような励起原子の状態を**準安定状態**と呼んでいる。このように励起はより高いエネルギーの定常状態に遷移することである。

　外部からのエネルギーをさらに与えると，最も束縛エネルギーの小さい電子は原子から飛び出す。これが電離である。電離に必要な最低のエネルギーを電離電圧という。2 個以上の電子をもっている原子は第 1，第 2，第 3…電離電圧が存在する。**表 2.7** に原子の電離電圧を示す。

表 2.7　原子の電離電圧

| 原子 | 電離電圧[eV] | | | | |
|---|---|---|---|---|---|
| | 第1 | 第2 | 第3 | 第4 | 第5 |
| H  | 13.598 |        |        |        |         |
| He | 24.586 | 54.416 |        |        |         |
| N  | 14.534 | 29.601 | 47.887 | 77.472 | 97.888  |
| O  | 13.618 | 35.116 | 54.934 | 77.412 | 113.896 |
| F  | 17.423 | 34.98  | 62.646 | 87.14  | 114.214 |
| Cl | 12.967 | 23.80  | 39.90  | 53.5   | 67.80   |
| Ar | 15.759 | 27.629 | 40.74  | 59.81  | 75.02   |

　準安定状態の原子は電離や励起に重要な役割を演じるので，ここでは準安定原子が関与する累積電離とペニング電離について述べる．

　電子衝突で基底状態にある原子を電離するには原子の電離電圧以上の高い電子エネルギーが必要であるが，準安定準位にある原子を電離するには，原子の電離電圧と準安定準位との差に相当するだけの電子エネルギーがあればよい．したがって，複数の電子により2段階以上にわたって励起を行えば，低エネルギーの電子でも電離を起こし得る．このようにまず電子衝突によって準安定準位の原子を作り，次に準安定原子を電離するような多段階の衝突過程での電離を**累積電離**という．

　混合気体放電で一方の準安定準位にある原子Aとその準安定準位より低い電離電圧をもつ原子Bが衝突すると，A原子の内部エネルギーをB原子に与えてA原子は基底準位に戻り，B原子が電離する．これを**ペニング電離**と呼んでいる．例えばこのペニング電離は蛍光灯の放電開始電圧を下げるために用いられている．蛍光灯には水銀とアルゴンの混合気体が封入されており，水銀の電離電圧が $10.4[V]$ であるのに対して，アルゴンの準安定準位は $11.5 \sim 11.7[V]$ 付近にあり，水銀蒸気にアルゴンガスをわずか（0.1～1.0%程度）混合するだけで放電電圧はかなり低下する．衝突反応過程を反応式で書くと，

$$Ar^m + Hg \rightarrow Ar + Hg^+ + e$$

となる．ただし，$Ar^m$ は Ar の準安定原子である．

## 2.2.3 電子・イオンの消失

プラズマ中の電子・イオンの消失過程として,電子が原子に付着して起こる**負イオン**の生成と,正イオンと電子または負イオンが中和して原子や分子に戻る**再結合**（図2.13）がある。

電子が付着して負イオンを作りやすいものには水蒸気,ハロゲン族（フッ素,塩素,ヨウ素など）,酸素,オゾンなどが知られている。負イオンが生成されると電離作用に影響を及ぼす電子を捕獲するため絶縁破壊を起きにくくする。

再結合は,それを起こす場所によって**表面再結合**と**体積再結合**に分けられる。表面再結合は管壁のような絶縁物の表面において起こり,低圧力の放電では荷電粒子の損失の大きな要因になる。体積再結合は空間中に分布する粒子間の衝突のとき起こる再結合で,気体の圧力が高く拡散しにくい場合に起こりやすい。

一般に表面再結合と体積再結合の起こりやすさは表面再結合の方がはるかに大きい。

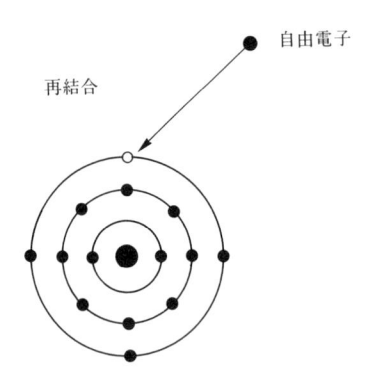

図2.13 電子の再結合

# 第3章
## プラズマを作る

この章では，まず，自然界のさまざまなプラズマがどのように発生するかについて述べ，続いて人工的なプラズマがどのようにして作られるのか，その概要を述べる。特にプラズマ発生技術の中心である放電プラズマについて詳しく解説する。

また，それぞれのプラズマには第1章で解説したプラズマの状態を絵記号で示してある。

# 3.1 自然界のプラズマの発生

## 3.1.1 地球周辺のプラズマの発生

### (1) 雷

　第1章で述べたように雷は大気中で自然に起こる一種の放電現象であり，光を発する部分の大気はプラズマ状態にある。

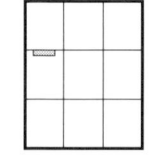

　雷を起こす雲（雷雲）は強い上昇気流によって作られ，地上から高さ10〔km〕程度にあり，一般的には上部が正に下部が負に帯電する。

　通常，電気的に中性である大気中で放電が起こるプロセスは，次のように考えられている。

　電子が高速で中性原子と衝突すると，その原子内の電子を叩き出して，原子をイオン化（電離）することがある。もしそこに強い電場があれば，図3.1のように衝突した電子も叩き出された電子も共に加速されて十分大きな運動エネルギーを得，さらに衝突によって次々と原子をイオン化（電離）して，自由電子の数をねずみ算的に増し，最終的には大電流を作り出す。これを**電子なだれ**

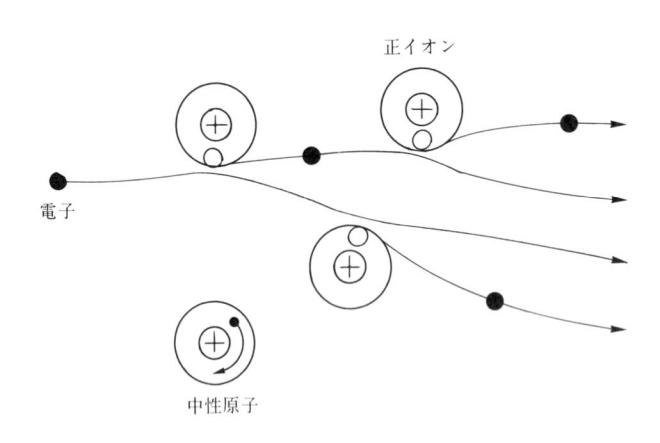

図3.1　電子なだれ

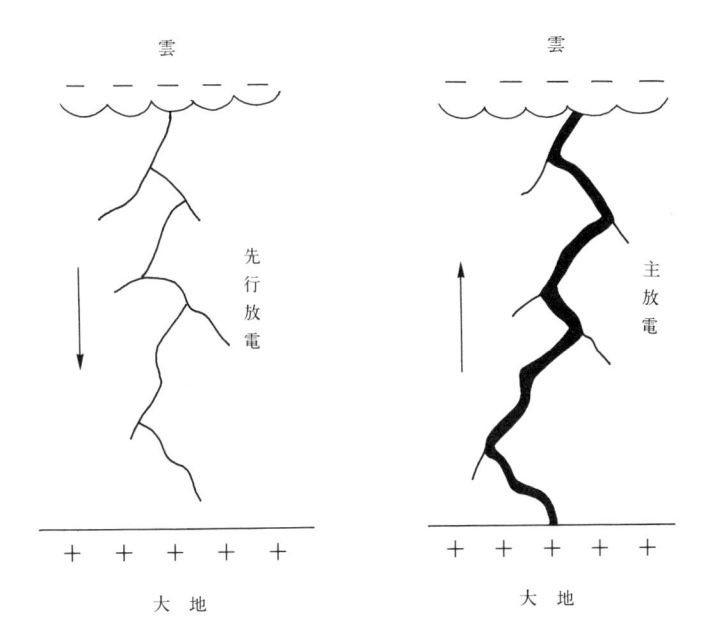

図 3.2　雷の発生原理

という。このような現象により放電が起こる。

　雷の放電は**図 3.2**のように，まず最初に小さな**先行放電**から始まり，すぐに非常に明るい**主放電**に移行する。先行放電の先端は，通常，雲から大地に向かって移動する。移動速度は $10^2 [\mathrm{km/s}]$ 程度で，階段状に起こる場合が多い。このような先行放電が十分に大地に近づくと，大地には正電荷が多量に集まる。そして，先行放電によって作られた道（電流回路）に沿って主放電が大地から雲に向かって起こる。このようにして，雲と大地の間で起こった放電現象が雷である。雷は雲の内部および雲と雲との間で起こることもある。

　雷の主放電の伝播速度は $10^5 [\mathrm{km/s}]$ 程度とかなり速い。雲の高さが $10 [\mathrm{km}]$ なら $100 [\mu \mathrm{s}]$ で通過してしまう。地上で観測される電流値は，最初

の数 $\mu$s の間に $10\sim100$[kA] 程度に達し，その後 $20\sim60$[$\mu$s] の間にその半分の値に減衰する．雷の電流がいったん停止した後でも，雷雲の中に電荷が補充されれば，繰り返し雷（放電）が発生し得る．時間間隔があまり開いていなければ，補充された負電荷は古い電流経路に沿って降下し，電離度を上げ，次の主放電を引き起こす．

　雷放電の結果，電流の流れる道筋に沿って大気の温度が上昇し，原子内の電子は，より高いエネルギー準位に遷移したり，電離され自由電子になったりする．そこで，励起された空気中の酸素や窒素などの発する光を分光することにより，雷の電流回路の電子温度，電子密度等を知ることができる．分光により内部の状態を観測できるのは，他のプラズマも同様である．主放電時の電子温度は $30{,}000$[K] 程度まで上昇し，電子密度は $10^{17}\sim10^{18}$ 程度になる．なお，地表付近での空気中の分子数密度はおよそ $2.7\times10^{19}$[cm$^{-3}$] である．

　電流回路の直径は数 mm から数 cm 程度であるが，その圧力は大気圧の 10 倍ほどにもなるので，周囲の大気を押しのけて急激に膨張し，衝撃波を発生させる．これが雷鳴の原因である．

### コラム1

## レーザで雷を落とす

　ある特定の場所と時間に人為的に雷を落とすことができれば，雷による災害を防止したり，雷のエネルギーを利用したりすることができる．このような方法の一つに，レーザビーム照射により電離プラズマチャネルをつくり，雷放電を誘導しようとするレーザ誘雷技術がある．

　このレーザ誘雷の方式には，パルス炭酸ガスレーザのような大出力，高エネルギーレーザの出力光を大気中で集光し，強電離プラズマを発生させて利用する方式と，窒素レーザやエキシマレーザのような大出力紫外光レーザの出力光を集光させずに大気中に照射し，比較的長いプラズマチャネルを発生させる方式とが検討されている．

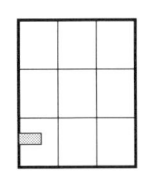

(2) 電離圏（電離層）

　地球上には，雷雲を発生させる対流圏，その上空には成層圏，さらに上空には**電離圏（電離層）**と呼ばれる弱電離プラズマ領域が存在する。電離圏は地表からの距離でいえば，地上約50～1,000[km] の範囲である。電離圏といってもその電離の度合は低く，地上100[km] の高さで電離度（大気1cm³中の中性粒子数 $n_0$ とイオン数 $n_1$ の比 $n_1/(n_0+n_1)$）はほぼ $10^{-7}$ であり，1,000[km] でもせいぜい 0.1 程度である。

　電子密度の高度依存性を図3.3に示す。電離圏は大きく4つの層に分けら

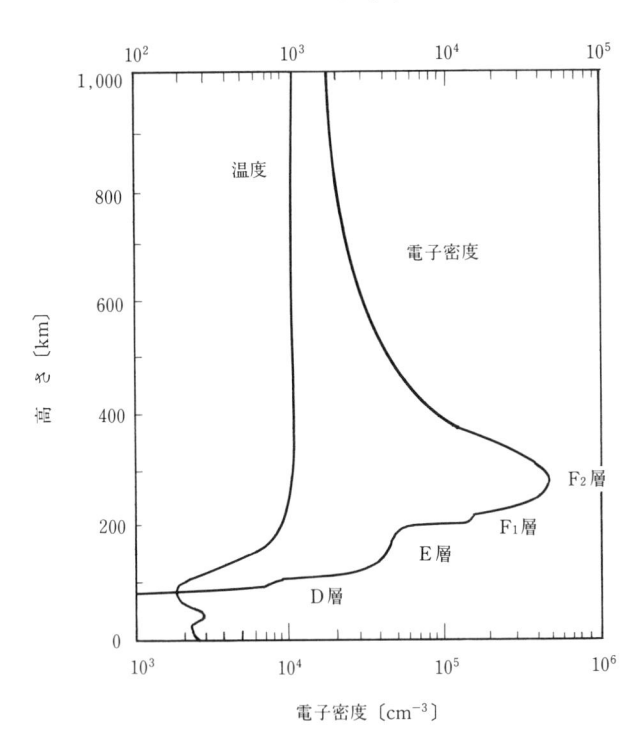

図3.3　電子密度と温度の高度依存性

れ，下から順に D 層，E 層，$F_1$ 層および $F_2$ 層と呼ばれている。ただし，各層の密度分布は，昼間と夜間で異なるし，太陽活動の活発さによっても大きく変化する。

電離圏の成因は，主に太陽から放射される紫外線による**光電離**である。振動数 $\nu$ の光のエネルギーは $h\nu$（$h$ はプランク定数）であり，このエネルギーがある程度以上大きければ，原子内の電子を叩き出して原子を電離させる。つまり振動数の高い紫外線などの照射により，原子は電離され，プラズマが生成される。

> この光電離プロセスは
> $$X + h\nu \rightarrow X^+ + e^- + \Delta E$$
> と表される。ここに，X，$X^+$ は中性および電離された原子を，$e^-$ は電子を表す。また，$\Delta E$ はイオンの励起および運動に使われるエネルギーを示している。

イオンの成分は高度により変化し，~300[km] 辺りでは $O^+$，より低層では $O_2^+$，$NO^+$ が主なイオンとなり，1,000[km] より上空では $H^+$ が主成分となる。

よく知られているように，国際的な短波通信は電離圏プラズマによる電磁波の反射を利用している。一方，太陽表面近くでの爆発現象（太陽フレアー）により，太陽からの紫外線や X 線強度が増し，E 層や D 層の電離度が急激に増加することがある。この結果，地上から電離圏に入射する電波の吸収効果が増大し，**デリンジャー現象**と呼ばれる短波通信障害を引き起こす。

（3） 磁気圏

地球は固有の磁場（双極子磁場）をもっており，その磁場の範囲は地球表面近くの中性大気の領域および電離圏のみならず，さらにその上空へと広がっている。後で詳しく述べるが，太陽からは**太陽風**と呼ばれる超音速のプラズマの風が吹いている。このプラズマ流のため地球の磁場はある範囲内に閉じ込められてしまう。その範囲は太陽風の吹きつける昼間側では，地球半径の 10 倍程度の所までであるが，反対側（夜側）では，地球半径の 1,000 倍以上までも長く尾を引いた形で伸びていることが最

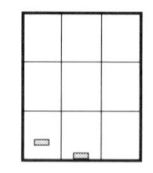

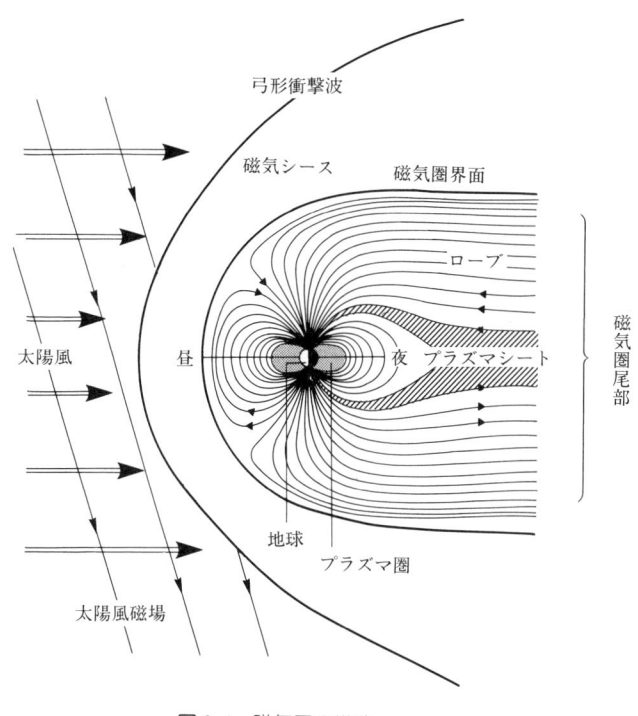

図 3.4　磁気圏の構造

近の観測から分かってきた。この地球固有磁場の勢力範囲を**磁気圏**と呼んでおり，磁気圏の外側境界を**磁気圏界面**という。

磁気圏の大まかな構造を図 3.4（子午面での切断面）に示す。磁気圏の外側では，超音速のプラズマ流（太陽風）が地球磁場とぶつかって衝撃波が形成される。これは**弓形衝撃波**と呼ばれ，磁気圏界面から数倍の地球半径の位置に形成される。弓形衝撃波と磁気圏界面の間の領域は**磁気シース**と呼ばれている。

磁気圏界面内部に目を向けると，磁力線（矢印の付いた線で示す）が閉じた形（ドーナツ状）の領域があり，**プラズマ圏**と呼ばれている。プラズマ圏内のプラズマは，比較的エネルギーが小さいため，磁場の束縛から逃れられず，地球の自転と共に回転している。極地方の磁力線はドーナツの穴を通過し，磁気

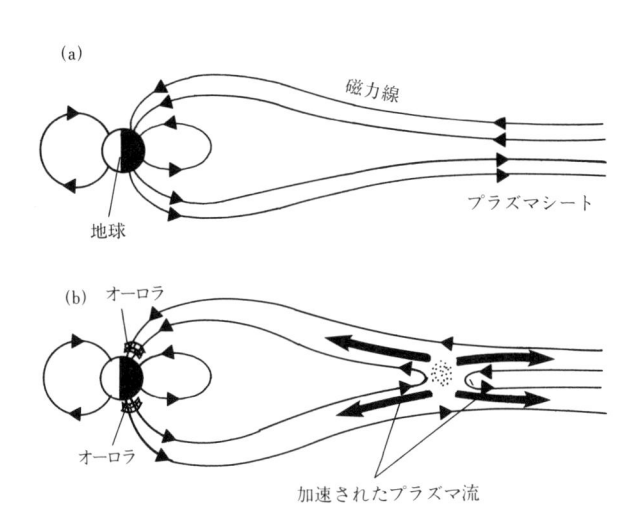

図3.5 磁力線再結合

圏の尾部に達している。磁気圏尾部の赤道面近くの斜線領域は**プラズマシート**と呼ばれ、その上下のローブと呼ばれる領域に比べプラズマの密度もエネルギーも高く、電流層でもある。図3.5に示すようにこのプラズマシートでは磁力線の向きが上下で逆向きであり、**磁力線再結合**と呼ばれる現象が起きる。図3.5(a)は磁力線再結合が起こる前の磁力線の状態で、(b)は再結合後の状態を示している。この結果、磁気圏尾部方向に引き伸ばされていた磁力線がつなぎ変わるとともに、周辺のプラズマは地球方向および反地球方向に加速される。地球方向に加速されたプラズマは磁力線に沿って電離圏に達し、オーロラを光らせることになる。この現象は磁気圏、電離圏を乱すことから、**磁気圏サブストーム**と呼ばれている。

地球磁気圏は、太陽風と地球磁場の圧力バランスによってその大きさ、形状が決められる。したがって、太陽フレアーに伴い高密度、高エネルギーのプラズマ流が地球周辺に押し寄せた場合、地球磁気圏は急激に圧縮され、磁気圏内のあらゆる領域は大きく乱されることになる。このような現象を**磁気嵐**と呼んでいる。

## コラム 2

## オーロラ

(写真提供：極地研究所)

　電離圏で起こる最も華々しいプラズマ関連現象は，オーロラであろう。オーロラは主に高緯度地方の地上 100〜120 km の電離圏で発生する発光現象である。また，それほど高緯度ではない北海道でもまれに観測されることがある。

　オーロラの発光の原因は，地球磁気圏の尾部で起こる電子の加速現象により生成された高エネルギー電子が磁力線に沿って電離圏下部に降下し，そこにある酸素や窒素（の原子，分子およびイオン）などの粒子と衝突することによる。なお，電子の加速は磁気圏尾部だけでなく，地上数千 km の電離圏上部でも起こっていることが最近分かってきた。

　電子と中性原子との衝突により，電離圏の粒子は電離または励起される。電離の際に生ずる二次電子もまた他の粒子と衝突し，それらを電離あるいは励起する。こうして励起された多数の粒子が基底状態に戻るときに発する光が地上からオーロラとして見えるのである。

　発光する光の主なものは，酸素原子が出す緑色（5577Å）や赤色（6300Å）の光，および窒素分子イオンが出す青色の光である。入射する電子流の場所や強度の変化に伴い，乱舞する見事なオーロラが出現する。

## 3.1.2 宇宙プラズマの発生

### (1) 太陽

太陽は巨大なプラズマのかたまりである。図 3.6 に示すように太陽の半径は約 70 万 km であり，その中心からおよそ 10 万 km 以内の領域は**核**と呼ばれ熱核融合反応が起こっている。ここで作られた高エネルギーの光子は何度も放射・吸収を繰り返し，エネルギーを下げながら核の外側の**放射層**（厚さ約 40 万 km）を伝わっていく。放射層の一番外側での温度はおよそ 200 万 [K] に下がり，その外側では大規模なプラズマ対流が内部のエネルギーを外側に運ぶようになる。この領域を**対流層**（厚さ約 20 万 km）と呼ぶ。対流層の上には厚さ約 400 km の**光球**が存在し，そこから約 6,000 [K] の黒体輻射に相当する電磁波が放射されている。我われが目で見る太陽は，この光球を見ているのである。この光球部では温度が低いため，中性粒子が圧倒的に多く，電離度が $10^{-3} \sim 10^{-4}$ 程度の弱電離プラズマ状態になっている。光球面上からさらに 2~3 千 km の範囲に彩層と呼ばれる数千

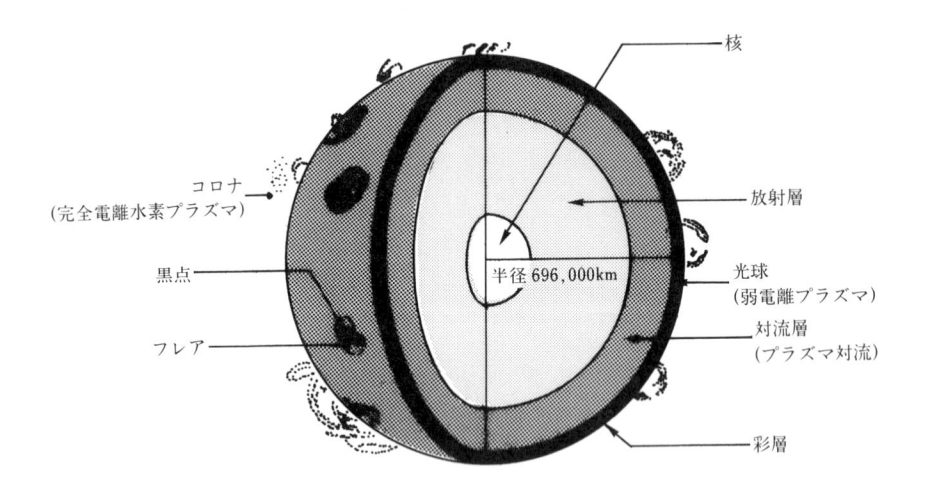

図 3.6 太陽の構造

[K］の温度の層があり，密度が急激に下がる。

彩層の上空には**コロナ**と呼ばれる太陽の大気が存在する。コロナの温度は100〜200万［K］であり，光球，彩層に比べ非常に高い。コロナがこれほど高温な理由は現在でもはっきり分かっていない。この高温のため，コロナは完全電離の水素プラズマとなり，さまざまな電磁現象の場を提供している。

太陽表面近くでの電磁現象のうち，最も華々しいのは**太陽フレアー**（太陽面爆発）であろう。この太陽フレアーは黒点の強い磁場（太陽表面では数千ガウスにも達する）のエネルギーが開放されることにより発生し，大きなフレアーが起こった場合には，地上からも太陽面が白く光って見える（白色光フレアー）。1991年に打ち上げられた日本の太陽観測衛星「ようこう（yohkoh）」により，太陽フレアーの発生機構が詳しく調べられている。写真3.1に「ようこう」が捕らえた太陽のX線画像と宇宙空間に浮かぶ「ようこう」の想像図を

**写真3.1**　「ようこう」のX線画像と「ようこう」（想像図）（写真提供：宇宙科学研究所）

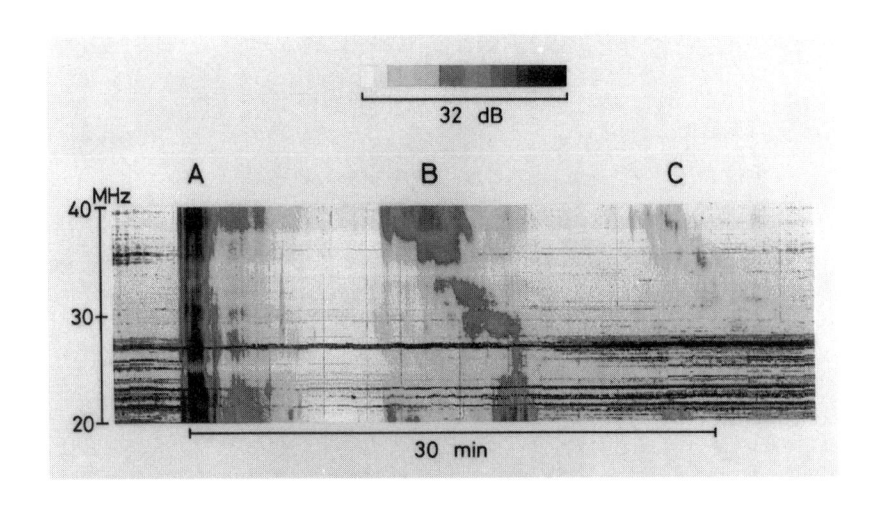

図 3.7 太陽電波のスペクトル観測例

　示す。可視光では見られないコロナおよびコロナに浸透している磁場の様子が明確に分かる。写真の白く光っている部分でフレアーが起こっている。

　フレアー発生に伴い，強力な電磁波も放射され，地上からでも電波望遠鏡により観測することができる。図 3.7 に太陽電波のスペクトル観測の例を示す。図中 A で表わされる黒っぽい部分が，フレアーに伴い放射されたIII型太陽電波であり，B, C で示された部分は II 型太陽電波である。III 型太陽電波は，フレアーにより加速された高エネルギー電子流がコロナ中を走りぬける際に，周囲のプラズマを乱すことにより放射される。そのスペクトルデータから得られる周波数のドリフト率から，コロナの電子密度，高エネルギー電子流の速さ等の情報が得られる。一方，II 型太陽電波はフレアーによって作られ，太陽系空間内を伝播する衝撃波から放射されている。この周波数ドリフト率はIII型太陽電波に比べて低く，衝撃波の伝播スピードに関する情報を与える。これらのデータを解析することにより，フレアーにより作られる高エネルギー電子流や，衝撃波に関する情報のみならず，コロナの物理的特性，フレアーの発生機構に関する多くの情報を得ることができる。

## （2） 太陽系空間

太陽系空間を満たしているプラズマの源は**太陽コロナ**である。太陽コロナは100万[K]を超える非常に高温の水素プラズマであり，太陽の重力がコロナのプラズマを引き止めることができず，太陽系空間へ吹き出している。このプラズマの流れを**太陽風**（Solar Wind）と呼んでいる。その密度は地球軌道付近で，数個[$cm^{-3}$]で，速度は400～700[km/s]にも達する超音速流である。さらに，この太陽風はプラズマの風であるため，太陽の磁場をその流れと共に太陽系空間に運び出す性質ももっている。このような状態を「磁場がプラズマに凍結（frozen-in）されている」といい，太陽系空間プラズマ，あるいは磁気圏プラズマ中で一般的にみられる現象である。

この太陽風が太陽系空間に存在することは，E. N. Parker (1958) により理論的に予測されていたが，人工衛星が地球磁気圏外へ出て観測できるようになった1960年代になって初めて確認されることになった。

太陽風の存在を知る直感的な例は彗星の尾である（**写真**3.2参照）。彗星は80%が$H_2O$で，残りは$CO_2$，COなどの分子や塵からなり，「汚れた雪玉」と

写真3.2　彗星

呼ばれている。彗星の直径は，数kmから数十kmのものが多いが，まれには数百kmにも及ぶ彗星も存在する。この雪玉が太陽に近づくとき，太陽から受ける熱で少しずつ蒸発していく。このとき塵も一緒に宇宙空間に放出される。蒸発したガスの一部は，本体の核の周りにぼやっとした薄い大気（コマ）をつくる。一方，放出ガスの一部はイオン化され，太陽風（プラズマ流）により電気的に引きずられ，反太陽方向に長い尾をつくる。小さな塵はガスと伴に彗星を飛び出し，太陽の光の圧力（放射圧）を受けて，やはり反太陽方向に流され，塵の尾を形成する。塵の尾はイオンの尾に比べて重いので，彗星の進行方向と太陽から受ける重力により歪んで見える場合がある。

### （3） 星間空間

太陽のような恒星が多数集まって星間物質と共に銀河（**写真3.3参照**）を形成している。我われの銀河系はおよそ1千億個の恒星からなり，有名なアンドロメダ星雲は約2千億個の恒星からなる銀河である。これらの銀河が数百個集まって銀河団をつくり，さらに銀河団が集まり超銀河団（1億光年以上の広がりをもつ）を形成している。これらの銀河は宇宙に一様に散らばっているのではなく，銀河がほとんどない超空洞（ボイド）と呼ばれる領域も存在する。このように，超銀河団と超空洞が互い

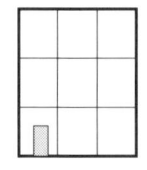

**写真3.3** 銀河

表3.1 星間物質

| 星間物質 | 温度 [K] | 密度 [$cm^{-3}$] | 構成物質 | その他 |
|---|---|---|---|---|
| 星間雲 | ~80 | ~20 | 中性水素原子 | 大きさ 10 [pc] |
| 分子雲 | 10~30 | $10^3$~$10^6$ | $H_2$, CO, $NH_3$ | 大きさ 10 [pc] |
| 希薄ガス | 6,000 | 0.1 | 中性水素原子 | H I 領域 |
| プラズマ | 8,000 | 1~$10^4$ | 水素原子プラズマ | H II 領域 |

に入り交じって織りなす宇宙の大規模構造が最近の観測により明らかになってきている。

　恒星と恒星の間は真空ではなく，星間物質によって満たされており，その一部は高温のプラズマ状態になっている。星間物質の分布は一様ではなく，星間雲，分子雲，希薄ガスおよびプラズマ領域が斑状に存在している。それぞれの特徴を**表**3.1に示す。

　星間雲は中性の水素原子からなるガスが，比較的低温（~80[K]），高密度（~20[$cm^{-3}$]）で存在する領域である。その広がりは，約10[pc]（パーセク：1[pc]は3.258光年）程度である。星間雲よりさらに低温（10~30[K]），高密度（$10^3$~$10^6$[$cm^{-3}$]）のガス雲では，紫外線が透過できず，水素は水素分子の形で存在し（水素分子のみならずCO，$NH_3$等多数確認されている），星間分子雲と呼ばれている。その広がりはおよそ10[pc]であり，高密度の分子雲の場合は背後の星の光を遮るため，光学望遠鏡では暗黒領域として観測される。これらの星間分子雲の間は，雲間領域と呼ばれ，中性の水素原子からなる希薄ガス（温度~6,000[K]，密度~0.1[$cm^{-3}$]）が満たしている（H I 領域と呼ばれている）。

　さらにこのような中性ガス領域のほかに，広大で希薄な高温のプラズマ領域（温度~8,000[K]，密度1~$10^4$[$cm^{-3}$]）が存在する。この高温プラズマ領域（H II 領域と呼ばれている）は，高温の星（表面温度が数万[K]を超える）の放射する紫外線のため水素原子が電離されることにより生成される。このほかに，星の一生の最後に訪れる大爆発（超新星爆発）によっても，大量のプラズマが星間空間にばら撒かれる。

> **コラム 3**
>
> ### 木星磁気圏
>
> 木星は「太陽になれなかった星」といわれることがある。木星は，地球のような固体表面をもたず，太陽と同じガス球であり，太陽系惑星中最大の質量をもっている。木星の質量がもう少し大きければ，中心部で熱核融合が起こる条件に達し，自ら光を発する恒星になったと考えられている。
>
> 木星も地球と同様に磁気圏をもつが，その構造はむしろ太陽に似ている。つまり，太陽がコロナのプラズマを太陽風として外部へ吹き出しているように，木星も赤道面付近のディスク領域（プラズマの密度が高く，電流層でもある）のプラズマをディスク風として外向きに吹き出している。その結果，木星の磁気圏界面付近では，太陽風とディスク風とがぶつかり合う形になり，複雑な境界構造を作り出している。

## 3.2 人工的なプラズマの発生

　人工的なプラズマの生成法は，プラズマの温度，密度，電離度，イオンの種類などの条件によって異なる。また，プラズマを気体，液体，固体のどの状態から生成するかによってもそれぞれ方法が異なってくる。一般的には，気体（ガス）の状態を経てプラズマが生成されるので，金属のような固体は，加熱などによって金属蒸気にして，さらにその気体にエネルギーを与えて電離させてプラズマ状態にする。現在行われているプラズマの生成法をまとめると，図3.8に示したような放電，放射線，レーザ光，燃焼，衝撃波，電界イオン化，真空紫外光などがある。

　これら人工的にプラズマを生成する方法の概略を述べ，後で特によく用いられる放電によるプラズマの生成法について詳細を述べる。

●人工的なプラズマ

```
①放電      ②レーザ光      ③放射線

           人工的な
           プラズマの生成        ⑦真空紫外光

④燃焼      ⑤衝撃波      ⑥電界イオン化
```

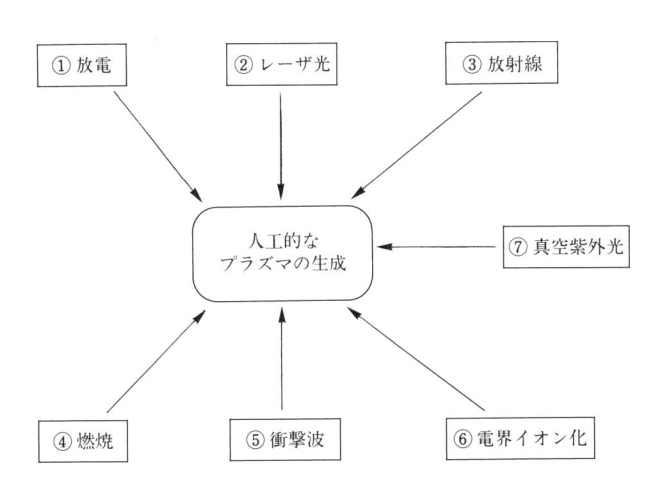

図 3.8　プラズマの発生

① **放電による方法**

ⅰ) 直流放電：直流の電圧を電極間に印加して放電を行わせ，陰極から放出される電子（熱電子や光電子）を直流の電場で加速し，中性の原子，分子と衝突させることによってイオン化してプラズマを生成する。

ⅱ) 低周波放電：50 Hz～100 kHz の交流電源を電極間に印加して放電を行わせ，電極から放出される電子を交流の電場で加速し，中性の原子，分子と衝突させることによってイオン化させてプラズマを生成する。この周波数領域の放電機構は，直流放電の場合と同様に考えて取り扱うことができる。

ⅲ) 高周波放電：10 MHz～100 MHz 程度の交流電圧を電極間に印加して放電を行わせ，プラズマを生成する。

ⅳ) マイクロ波放電：周波数が 1 GHz 以上の領域のマイクロ波交流電圧を電極間に印加して放電を行わせプラズマを生成する。

② レーザ光による方法

レーザ光を気体や液体に直接照射し原子，分子をイオン化してプラズマを生成する。

③ 放射線による方法

ⅰ) 放射性同位体：放射性同位体から出る $\alpha$ 線，$\beta$ 線，$\gamma$ 線などを用いて原子，分子をイオン化してプラズマを生成する。

ⅱ) X線：X線を気体に照射し原子，分子をイオン化してプラズマを生成する。

ⅲ) 粒子加速器：電子，イオンのような電荷を持った粒子を電界や磁界の中で加速して，密度の高いプラズマを短時間に生成する。

④ 燃焼による方法

燃焼によって気体を熱電離させプラズマを生成する。

⑤ 衝撃波による方法

高圧の気体を低圧力の気体中に噴出して急激に膨張させ，衝撃波を発生させて熱電離プラズマを生成する。

⑥ 電界イオン化による方法

針状の電極に電圧を印加すると，電極の近傍が高い電界になるので，その電極近傍の局部的に強い電界を利用して原子，分子をイオン化してプラズマを生成する。

⑦ 真空紫外光による方法

強力な真空紫外光を気体に照射し原子，分子をイオン化してプラズマを生成する。

# 3.3 放電プラズマ発生技術 I
## ―― 直流および低周波放電プラズマ ――

プラズマを生成する方法として気体放電がよく用いられる。気体放電を行うとき，電極へどのような種類の電源を供給するかで大別され，直流放電，低周波放電，高周波放電，マイクロ波放電，パルス放電などがある。

直流放電によるプラズマは，陰極で発生した電子が印加されている直流電界

第3章◆プラズマを作る

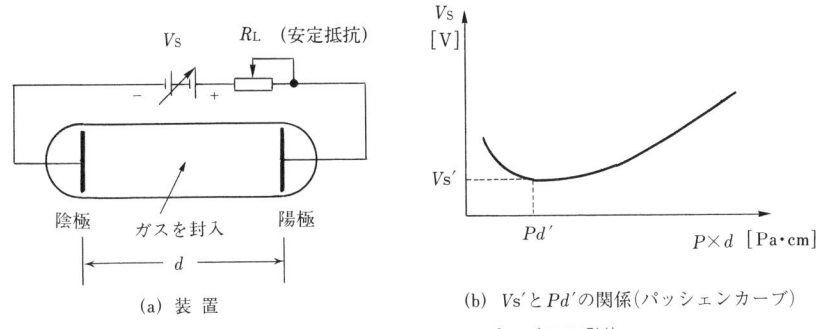

**図3.9 直流放電によるプラズマの発生**
(a) 装置
(b) $V_s'$と$Pd'$の関係（パッシェンカーブ）

によって加速され，気体中を進行する途中で気体の原子，分子と衝突して電離することにより発生する。落雷の際に発生する稲妻は，自然界で観測される典型的な直流放電プラズマである。

直流放電によりプラズマを発生させる装置の一例を図3.9(a)に示す。この装置では，円筒形のガラスなどの容器内に1対の電極を対向させ，内部を真空に排気した後，低気圧の気体を封入してその両電極間に直流電圧$V_s$を印加する。容器内の気体の圧力$P$と，そのときの電極間距離$d'$との積$Pd'$の値に対応する放電開始電圧$V_s'$以上の電圧を電極間に印加すると，電極間には光り輝く放電プラズマが発生する。なお，ここでの低気圧とは2,000［Pa］以下の気圧をいっている。これを超える気圧では，定常的なグロー放電が現れずに収束型の陽光柱となったり，グロー放電を経ないで直接アーク放電に移行してしまう場合がある。

このプラズマは不完全プラズマ（弱電離プラズマ）と呼ばれる。このように放電によって簡単にガラスの容器内にプラズマを作ることができる。直流放電管で生成したプラズマの状態は，場所によって光の強度や発光の色合いが異り電極間全体で一様ではない。陰極の電流密度がほぼ数十［mA・cm$^{-2}$］以下で，放電管内の気圧が1,000［Pa］以下の状況下で放電をさせると，定常的に継続する放電プラズマが得られる。このプラズマは**グロー放電プラズマ**と呼ばれている。図3.9(a)のような形式の放電管は，ヒータなどを用いて外部から

陰極を加熱する熱陰極放電管に対して，**冷陰極放電管**と呼ばれている。

図3.9(a)に示した放電管において，両電極間に直流電圧の代わりに低周波の交流電圧を印加してもプラズマを作ることができる。一般に放電の場合の低周波とは，下限は商用（50 Hzまたは60 Hz）から上限は100 kHz程度までの周波数をいう。放電開始電圧については気体の圧力や種類などにも大きく依存するが，低周波の電源を用いた放電では，電子の運動に周波数の影響が大きく現われてこない。そのため，低周波領域での放電機構は，直流の場合と同様に考えて取り扱うことができる。中でも商用周波数による放電プラズマは蛍光灯，アーク溶接および水銀灯など広く用いられてなじみの深いものである。

### 3.3.1 グロー放電プラズマ

通常，この放電は容器内の気体の圧力が0.1〜1,000 [Pa]，陰極の電流密度が1〜50 [mA・cm$^{-2}$] 程度の範囲内で観測される。最も身近なグロー放電プラズマの例では，蛍光灯やネオンサイン放電管の中に見られる。たとえば，10 [Pa] 程度の空気が放電管内に満たされている例では，プラズマの状態をよく見ると，陰極付近から陽極の間で，光の色や明るさの度合いが場所によって区別して観測できる。図3.10にグロー放電の代表的な形態と，各部分の名称を示す。これら各部分は気体の種類や圧力などの違いによって色や長さが異なったり，観測されない場合がある。

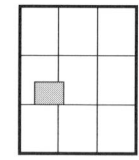

（1）グロー放電プラズマの各部の名称と働き

① アストン暗部

陰極の表面近くのきわめて薄い暗部はアストン暗部と呼ばれる。この暗部は封入気体が励起電圧の高いヘリウム，アルゴン，ネオンなどの放電の際によく認められる。

② 陰極グロー

アストン暗部を過ぎて陰極全体を覆うようなオレンジ色の部分は陰極グローと呼ばれる。

③ クルックス暗部

陰極グローと負グローの間にある暗い部分はクルックス暗部と呼ばれる。ク

第3章◆プラズマを作る

①アストン暗部
③クルックス暗部
⑤ファラデー暗部
⑧陽極暗部

陰極
陽極

②陰極グロー
④負グロー
⑥陽光柱
⑦陽極グロー

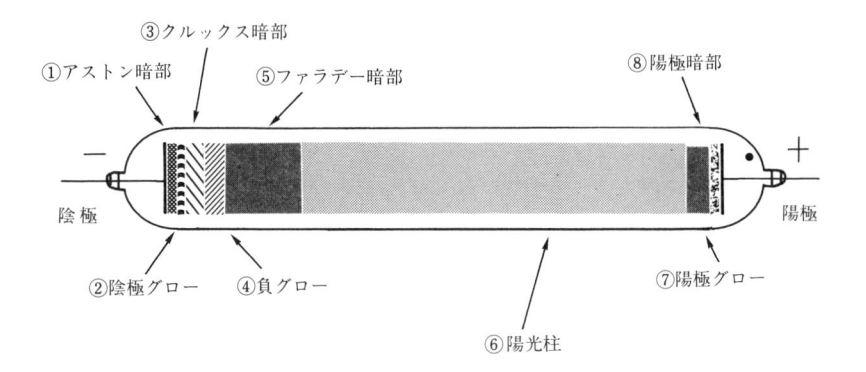

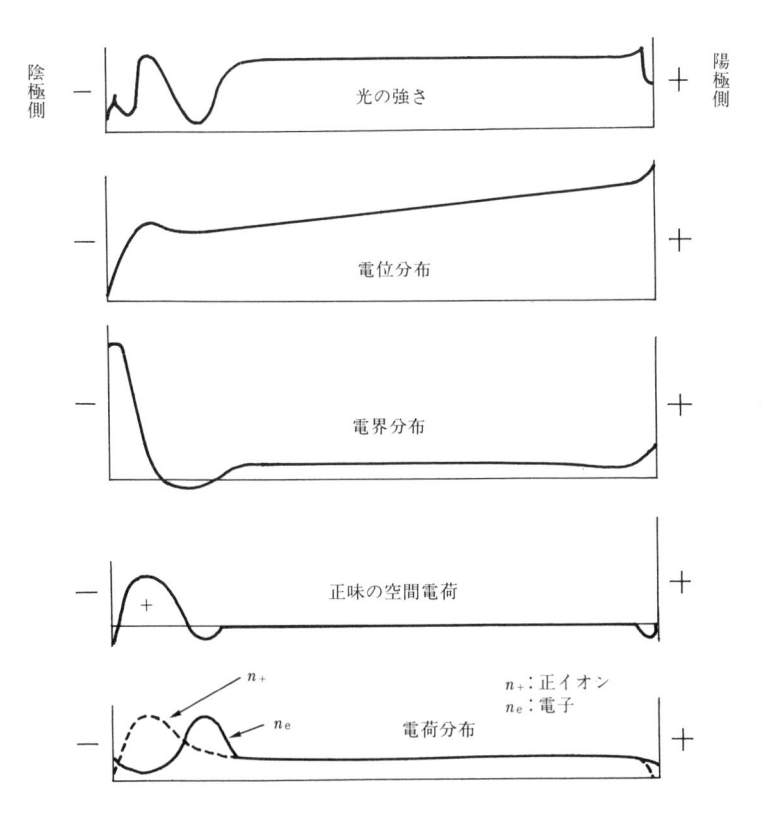

陰極側 − / + 陽極側

光の強さ

電位分布

電界分布

正味の空間電荷

$n_+$
$n_e$
$n_+$：正イオン
$n_e$：電子
電荷分布

図3.10　グロー放電プラズマの形態と名称

ルックス暗部は別名"**陰極降下**"とも呼ばれ，陰極近傍での電圧降下のほとんどはこの部分にかかっている。陰極から距離を経るとともに，クルックス暗部の電界は直線的に減少していき，ついにゼロとなって励起が盛んになり負グローの発光部が発生する。

④ 負グロー

陰極グローを経て，青白い明るく輝く部分は負グローと呼ばれる。負グローの陽極側の電界は，負の電界となり，ここからの電子は拡散によって陽極側に流れていく。

⑤ ファラデー暗部

負グローからの電子は，陽光柱の先端に向かって加速され，衝突電離を起こす。この部分をファラデー暗部と呼んでいる。

⑥ 陽光柱

ファラデー暗部から赤紫色に輝く部分が陽極の近くまで続いている。この部分が陽光柱で，陽光柱は電気的にほぼ中性でプラズマの状態である。陽光柱内の電子と正イオンは，電荷の極性に従ってそれぞれ反対方向へ移動する。陽光柱における電界は，この衝突電離と荷電粒子の輸送のために用いられ，放電管の軸にそってほぼ一定である。このような状態で電極間隙を変化すれば，陽光柱の長さを変化させることができる。

⑦ 陽極グロー

陽光柱が存在する場合，陽極の直前に陽極電圧降下が生じて，電子は衝突電離を起こして正イオンを発生させ，これを陽光柱やファラデー暗部に供給する。このとき陽光柱と陽極の間に，赤みがかったオレンジ色の光の強い部分が生じることがある。これは陽極グローと呼ばれる。

⑧ 陽極暗部

陽極グローが現れているとき，陽極の直前に現れる層の薄い暗部が確認されることがある。これは陽極暗部と呼ばれている。

グロー放電管の中で，これらの①～⑧までのすべてが一度にはっきりと観測されることはまれで，電極の種類や封入気体の圧力にもよるが通常は3～5つ程度が確認される。

表3.2 気体の種類の違いによるグロー放電の発光色

| 気体の種類 | 陰極層 | 負グロー | 陽光柱 |
|---|---|---|---|
| He | 赤色 | 桃色 | 赤色～紫色 |
| Ne | 黄色 | 橙色 | 赤茶色 |
| Ar | 桃色 | 暗青色 | 暗赤色 |
| Kr | | 緑色 | 青紫色 |
| Xe | | 橙緑色 | 白緑色 |
| $H_2$ | 赤茶色 | 薄青色 | 桃色 |
| $N_2$ | 桃色 | 青色 | 赤色 |
| $O_2$ | 赤色 | 黄白色 | 赤黄色 |
| 空気 | 桃色 | 青色 | 赤色 |
| Cl | | 黄緑色 | 白緑色 |
| Li | 赤色 | 明赤色 | |
| Na | 桃色～橙色 | 白色 | 黄色 |
| K | 緑色 | 薄青色 | 緑色 |
| Cs | 桃色 | 乳緑色 | 黄褐色 |
| Hg | 緑色 | 緑色 | 緑色 |
| Ca | 青紫色 | 紫赤色 | |
| Mg | | 緑色 | 緑色 |
| Ag | | 桃色 | 青緑色 |
| Zn | 紫赤色 | 青色～紫色 | 赤色 |
| Al | 青紫色 | 青紫色 | |

※空欄は適切な色名がない　　　　「放電ハンドブック」(電気学会)

　表3.2は放電管内に封入された気体の種類の違いによるグロー放電の各部の発光色を示したものである．同一の気体でも，封入圧力と放電電流および放電管の構造の違いによってはこの表と異なる発光色を示す場合がある．

### （2）　グロー放電からアーク放電への移行

　グロー放電領域を超えて電流を増加させると，両電極間の急激な電圧低下とともにアーク放電に移行する．

　一般に，グロー放電における陰極降下はかなり大きく約200～300[V]であ

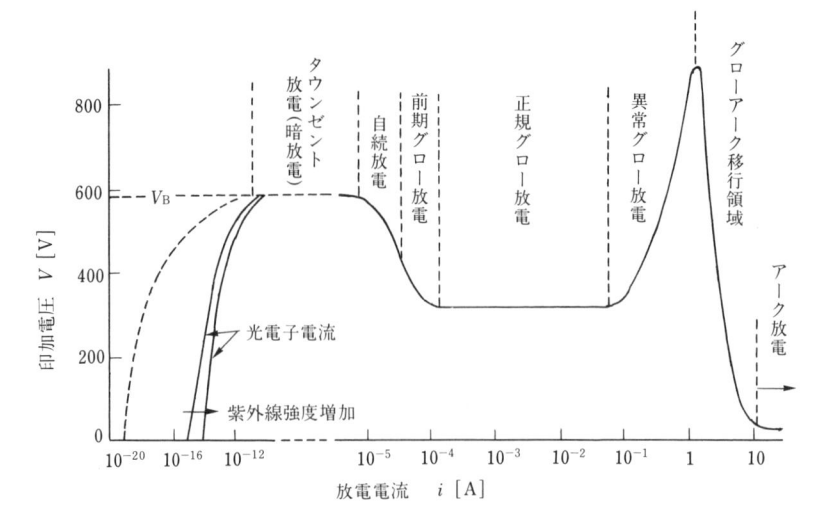

図 3.11 グロー放電からアーク放電への移行

る。陽イオンがこの陰極降下領域を通過して得るエネルギーは，一部だけ二次電子放出に費やされるが，他の部分は陰極を加熱する作用をする。正規グロー放電の領域では電圧降下，電流密度ともに小さいが，異常グロー放電の領域に入ると電圧降下，電流密度はともに増加して陰極加熱が激しくなって，陰極からの熱電子放出が頻繁に起るようになる。いったん熱電子放出が起こり始めると電流密度も急激に上昇し，電流も陰極の局所に集まって，ますますその部分の温度を高めることになる。その結果，放電自身の電流によって陰極が加熱されることとなり，陰極から熱電子放出を起こしアーク放電が持続される。陽光柱の内部では，プラズマが電界電離から熱電離へと移行していく。グロー放電からアーク放電への移行状態を図 3.11 に示す

### 3.3.2 アーク放電プラズマ

アーク放電のアーク（arc）の由来は，放電路が電極近くでは細く，中央部では膨らんでいるような円弧（arc）状をしていることから名付けられた。図

3.9のような放電管の陰極と陽極の両電極間に流れる放電電流を増していったとき，最終的に到達する放電の形といえる。

先に説明したように，放電電流の増加に伴って，陰極面での電流密度が大きくなるので，電極表面に局部的な加熱が起こって電極金属が蒸発して放電を助長するようになる。そのため，ますます電流の集中が陰極に起ってスポット状の輝点が生ずる（**陰極輝点**と呼ばれる）。このとき電極での十分な温度上昇が得られれば，熱電子放出の電子が放電のために供給されるようになる。電極間に強い電場がかかっていても，電子の**平均自由行程**が短いため，電子が電場から得ることのできるエネルギーは小さい。したがって電離の機構は，電子の衝突による電離は期待できず，気体分子，原子の温度が電子と同じくらいに高くなっていることによる熱電離が主となる。

アーク特性は，放電電流が増加すると累積電離も活発になって，放電維持電圧が低下するので負特性を示し，電圧を上げると電流が下がることになる。熱電子放出が放電電流を上まわるほど陰極が高温になってくると，陰極降下がほとんど無くなり，累積電離も加わって電離電圧より低い維持電圧のアーク放電プラズマが得られる。これは低電圧アーク放電と呼ばれる。

アーク放電においても気体の圧力を下げていくと，グロー放電のときと同様に電子の衝突電離が支配的となる。さらに気圧を下げて高真空にすると，電極からの蒸発物質が電離して放電を維持するようになる。このようなプラズマを**真空アークプラズマ**と呼ぶ。

アーク放電は，気体原子・分子の温度がイオンともども $5,000 \sim 6,000$ [K] に達することから，主に金属の溶融などに用いられアーク炉，アーク熔接などに利用されている。また，アークプラズマは輝度の高い発光が特徴なので，光源に利用されている。

実際にアークプラズマを作るときには，電極をいったん接触させて，接触点抵抗で局部的なジュール加熱を行い，その後，引き離してアーク放電を持続させる方法がよく用いられる。このような方法がとられるのは，アーク放電は開始させるのに必要な電圧（点弧電圧）は高いが，放電維持電圧は $10$ V 前後と低いためである。アーク放電とグロー放電とは電流の大小だけでなく，陰極か

表3.3 グロー放電とアーク放電との比較

| | グロー放電 | アーク放電 |
|---|---|---|
| 陰極降下 | 200〜300[V] 程度 | 気体の電離電圧の大きさ程度 |
| V-I 特性 | やや平坦な V 字型 | 降下特性 |
| 電流密度 | 小さい，$10^{-5}$〜$10^{-3}$[A/cm²] | 大きい，$10^{3}$〜$10^{7}$[A/cm²] |
| 電子放出機構 | おもに $\gamma$ 機構 | $\gamma$ 以外の電子放出機構 |

らの電子放出機構によっても区別される。表3.3にその比較を示す。

アーク放電は放電時の気体の圧力により，低気圧アークと高気圧アークに分けられる。アーク放電における低気圧，高気圧という気圧の境界は厳密でないが，ここでは約2[kPa]以下を低気圧，それを超える気圧を高気圧と呼ぶことにする。低気圧アークには，外部加熱による熱陰極型アーク，自己加熱型アーク，冷陰極型アークなどがあり，高気圧アークは安定化法により各種に分けられている。

[I] 低気圧アーク放電
(1) 外部加熱による熱陰極アーク放電
十分な熱電子放出のある熱陰極をもつ同心円筒型2極放電管の場合，熱陰極の飽和電子流に対する放電電流の大きさによって，

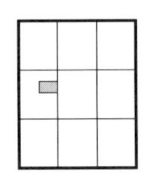

①陽極グロー形式
②火の玉形式
③ラングミュア形式
④温度制限形式

の4つの放電形式をとることが知られている。図3.12に熱陰極放電管の外観を，図3.13に放電回路を，図3.14にこの放電管による①〜④までの各形式の陰極-陽極間の電位分布を示す。

放電回路の2極放電管で，放電管内に数100[Pa]程度の気体を封入し，電極間距離を1cm程度にして陰極を充分加熱しておく。電源電圧 $V_b$ をしだい

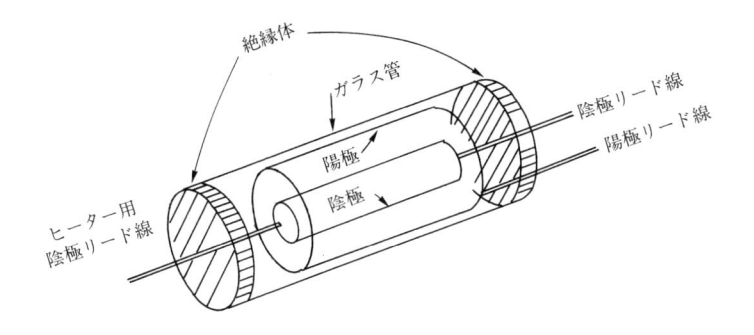

**図 3.12** 同心円筒型 2 極放電管

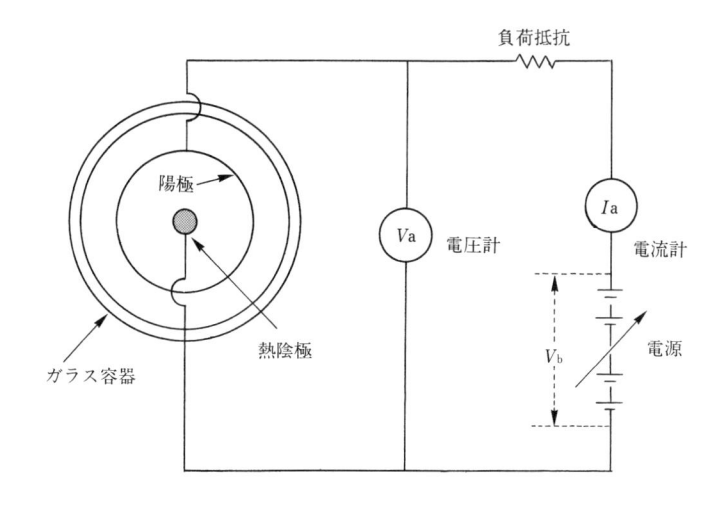

**図 3.13** 熱陰極アーク放電管の放電回路

に上げていく。

　陰極・陽極間電圧 $V_a$ が封入気体の電離電圧 $E_e$ を越えて $V_a > E_e$ の状態になると陽極の前面が発光し，図 3.14（a）のような電位分布を示す。この形式が①の陽極グロー形式である。電離は主に陽極直前で起こり，このとき発生したイオンは陽極から陰極方向に向かって進み，陰極からの空間電荷を打ち消し

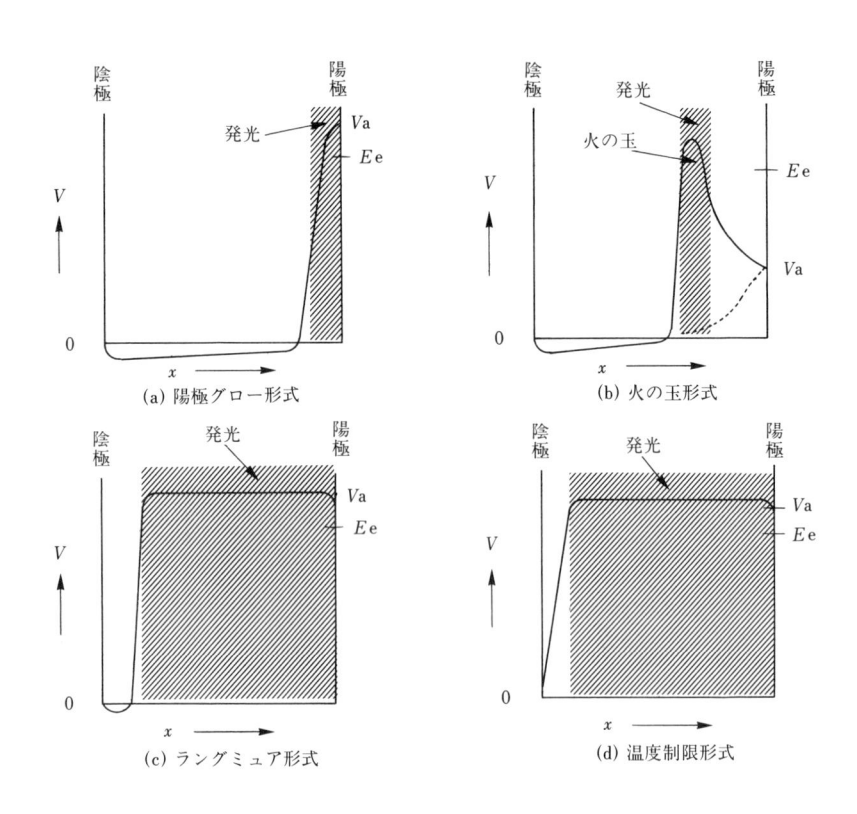

図 3.14 各形式の陰極−陽極間の電位分布

て，図 3.14（a）のように電位分布は平坦になる。

　$V_a$ をさらに増加して陽極電流を増すと②の火の玉形式に移行する。このとき電位分布は図 3.14（b）のような分布を示し，陽極の電位 $V_a$ は封入気体の電離電圧 $E_e$ よりも低くなる。電離は火の玉状に発光している場所で起きていることになる。火の玉は円筒形の筒一面に広がっているのではなく，球に近い形をもっている。全放電電流における熱陰極の熱電子放出電流の占める割合が 1/2 付近になると，放電の状態は③のラングミュア形式になる。このときの電位分布は図 3.14（c）のような分布を示し，放電空間は陰極直前を除いてほと

んど全空間で発光する。空間電位のほとんどは電離電圧 $E_e$ より高く，空間全体で一様に電離が行われている。放電電流がさらに増えて，陽極電流が陰極の全飽和電流を超えるようになると，放電管内の電圧降下が急激に上昇する。この状態の放電が④の温度制限形式である。温度制限形式の電位分布を図3.14(d)に示す。(c)と異なり陰極表面から電離電圧以上の電位に急激に上昇する。放電空間の全領域が発光するとともに陰極はイオンの衝撃を受けて**スパッタ現象**が起こる。

### (2) 自己加熱型アーク放電

タングステンや炭素のような高融点材料を陰極に用いたとき起こる放電である。外部加熱の場合よりも陰極の電流密度が大きく，陽イオンで陰極が加熱されて熱電子放出が生じ放電が持続する。このような放電形式が自己加熱型アーク放電である。陰極がさらに加熱されて熱電子放出電流がアーク放電電流よりも上回る場合は，陰極前面に暗部が発生し陰極直前には電子の空間電荷層が，その外側には正イオンの空間電荷層が形成される（**電荷二重層**ともいう）。

### (3) 冷陰極型アーク放電（電界型）

冷陰極型放電は水銀，亜鉛，銅などのような融点，沸点の低い材料を陰極に用いた場合のアーク放電で，陰極点の温度が熱電子放出温度に達していない条件で生ずるアークプラズマである。陰極表面近傍で正イオンの集束と蓄積により，きわめて高い電界（$10^7$[V/cm] 程度）が生じて電界放出による電子が供給されて放電が維持される。

### [II] 高気圧アーク放電

一般に，高気圧アーク放電プラズマの状態は，局所熱平衡プラズマと呼ばれ，局所的に電子温度と気体温度のほぼ等しい状態が存在している。プラズマの電離機構は主に熱電離によって行われている。放電電流が大きく，気体の温度がきわめて高く電極材料の蒸発，気体分子の対流などが激しく発生するため放電自体は不安定である。図3.15に高気圧アークの安定な状態における電極間の放電形態区分と電位分布を示す。プラズマの形態は陰極放電部分，陽光柱部分，陽極放電部分の3つに分けて観測され，陽光柱における電界強度は電極間でほぼ一定である。高気圧アークは不

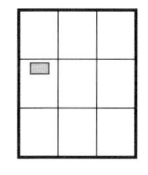

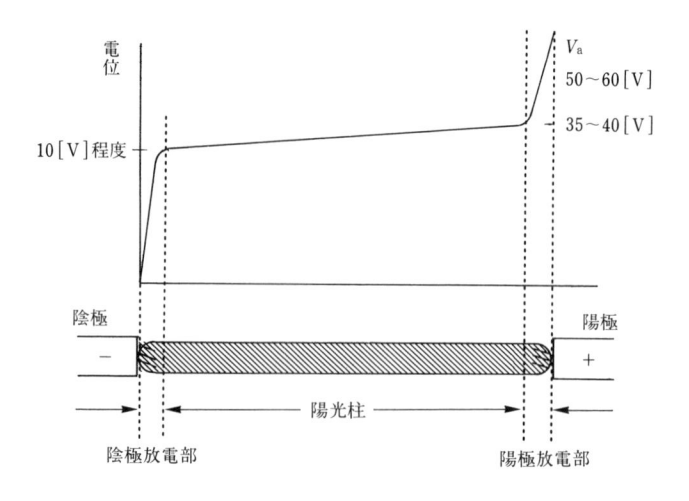

**図 3.15** 安定なアークの電位分布

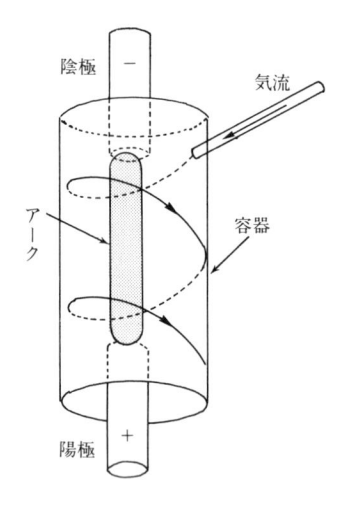

**図 3.16** 渦気流安定化アーク

安定なため，技術的に応用するには器壁安定化，渦流安定化，電極安定化などのいろいろなアーク安定化法が行われている。図3.16に渦気流安定化アークの概略を示す。放電路に沿ってアークプラズマの周囲をヘリカル状に取り囲んだ気流を作り，不安定なアークを安定へと導く。この安定化法は特にアーク長が長い条件に対して有効である。

### 3.3.3 ホロー陰極放電プラズマ

ホロー陰極放電はグロー放電の一種であり，陰極の構造を中空 (hollow) 円筒などにして，負グローの電子密度を増加したものである。図3.17（a）のように2枚の平行平板を対向させた電極を用いてグ

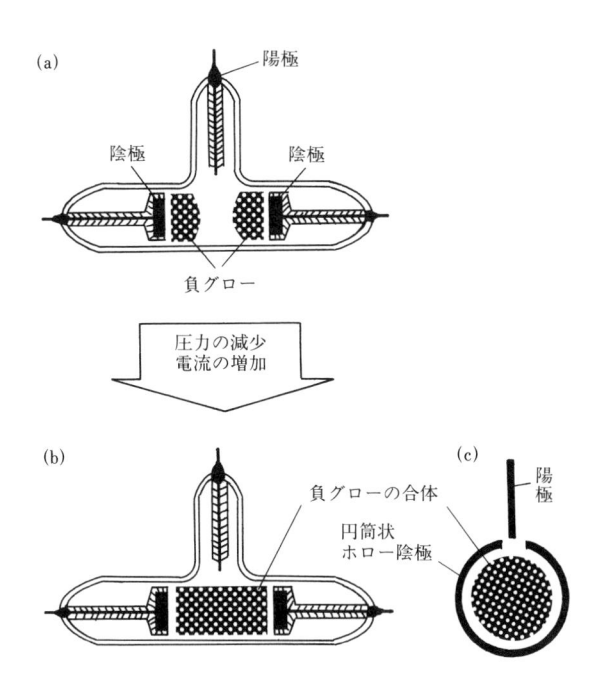

図3.17 グロー放電からホロー陰極放電の生成

ロー放電をさせる。この状態から圧力を減少するか，放電電流を増加すると（b）のように両方から負グローが延びてきて重畳し合体する。その結果として，冷陰極でありながらあたかも熱陰極のような高い電流密度が得られる。このとき陰極面のスパッタ作用により陰極材料の原子スペクトルやイオンスペクトルが高輝度で得られる。

このような放電状態では，通常のグロー放電に比較して**ホロー陰極効果**と呼ばれる次のような顕著な特徴が現れる。

① 同じ電流密度のとき，放電電圧が著しく低下する。
② 同じ放電電圧に対しては電流密度が $10^2 \sim 10^3$ 倍程度増加し，合体した負グローはきわめて強い発光を示す。
③ プラズマの発光スペクトルを調べると，陰極金属材料の原子およびイオンのスペクトルが観測される。

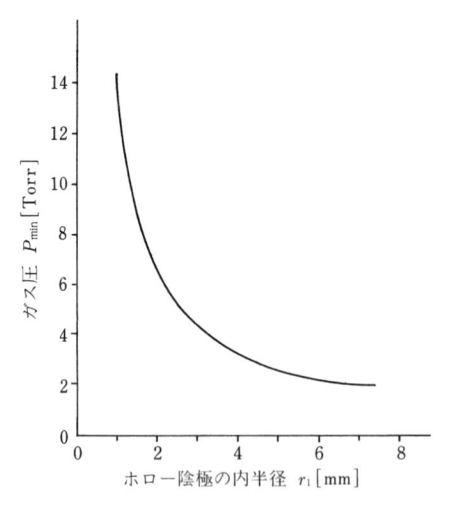

図 3.18 ホロー陰極放電のガス圧と陰極内半径

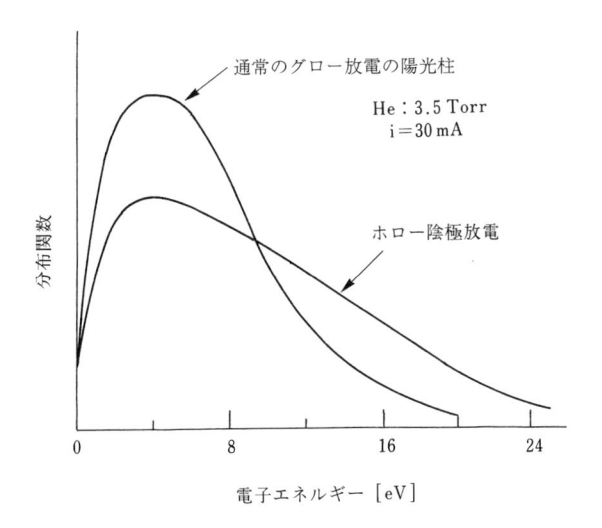

図 3.19 通常のグロー放電の陽光柱とホロー陰極放電の電子エネルギー分布

　ホロー陰極放電が起こるには適当な封入ガス圧の範囲が存在する。Heガスの場合について，ホロー陰極放電が起こる最低のガス圧$P_{min}$と円筒状ホロー陰極の内半径$r_1$との関係を図3.18に示す。図3.19には通常のグロー放電の陽光柱とホロー陰極放電の場合の電子エネルギー分布を示す。

　ホロー陰極放電の負グロー内のほうが陽光柱内よりエネルギーの高い電子が多量に存在している。このようにホロー陰極放電プラズマは高エネルギー電子を多数含むので，金属蒸気レーザの有効な励起源として広く用いられている。

## コラム 4

## 放電プラズマの電流-電圧特性を制御する

　従来，ホロー陰極放電の電流-電圧特性は封入気体の種類と圧力，電極の材質とその構造により一義的に決定され，この特性を大幅に変えることはできなかった。しかし電極構造を工夫することによって，真空を破らずに電流-電圧特性を連続的に変えることができる。

　このような放電特性制御用の電極構造を図1に示す。基本的な構造は，図のように円筒状ホロー陰極の内側に二重の陽極パイプを同軸に配置したものである。二重の陽極パイプは固定陽極と可動陽極からなっていて，可動陽極を回すことにより放電導入用の開口部の面積を可変にしている。

　間隔 $D_2$ を変えて測定した電流-電圧特性を図2に示す。このようにホロー陰極放電の電流-電圧特性が変えられるということは，プラズマ中の電子エネルギーが変えられることを意味している。

　さて，このような電極構造（固定陽極と可動陽極）のアイデアはどのようなものをヒントにして考えられたのか。実は，日本の寺社建築や農家の物置小屋などにみられる窓，虚無僧がかぶっている筒形の深編み笠の窓などに使われている格子連子窓を円筒状に丸めたものなのである。

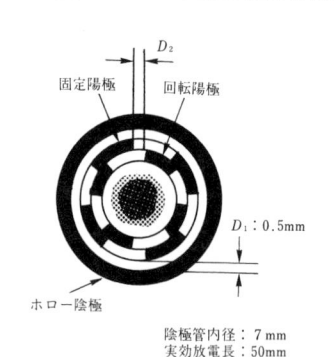

図1　電極構造

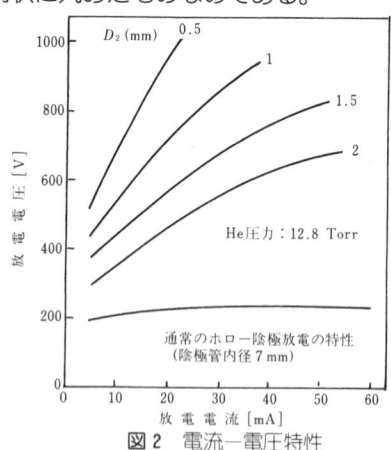

図2　電流－電圧特性

## 3.4 放電プラズマ発生技術 II
### ―― 高周波放電プラズマ ――

プラズマプロセッシングでは，MHz 領域の高周波放電が多く用いられている。使われる周波数は，電波法で工業周波数と定められている 13.56[MHz] が多く使用されており，安定なプラズマが比較的大きな面積で得られる特徴がある。直流放電の場合と大きく異なる点は，電源が高周波であるため，一方の電極だけへの電荷の流れがないので，実際にはカソード（陰極）またはアノード（陽極）が存在しないことになる。高周波放電は放電電流を形成する電子，イオンの働きが印加された電界の周波数に応じてイオン捕捉，電子捕捉の影響を受け，放電開始電圧が直流の放電開始電圧とは異なることが知られている。

図 3.20 に内部電極方式の容量結合型高周波放電の概念図を示した。電極周囲にはアルゴンなどの不活性ガスを充填し，電極間距離 $d$ の平行平板金属電極間に最大電圧 $E$ の交流電界を印加した場合の電子運動について考える。電子は高周波交流電界による力を受け移動するが，その半周期における最大移動距離を $\ell$ とすると，$d$ と $\ell$ の大小関係により放電の形態が特徴づけられる。

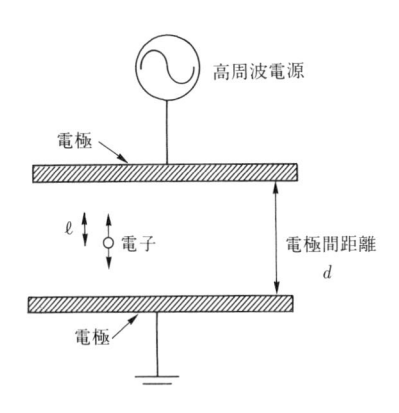

図 3.20 高周波放電の概念図

比較的周波数が低く，$\ell$ が $d$ に比べ充分大きい場合，電子は瞬時に陽極に達するため，放電は $\alpha$ 作用（電子1個の衝突により気体分子を電離する作用）と $\gamma$ 作用（イオンの衝突により2次電子を放出させる作用）で維持される直流と似た形態を示すことになる。周波数が高くなって逆に $\ell$ が $d$ より充分小さくなる領域では，電子が陽極に到達する前に電界の極性が変わるため，電子は電極に到達できず電極間で振動を繰り返すことになる。このような状態を電子が捕捉（トラップ）されているという。トラップされた電子は振動運動をし

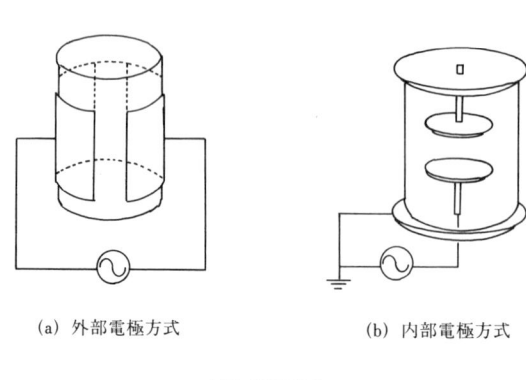

(a) 外部電極方式　　　　(b) 内部電極方式

（A）容量結合

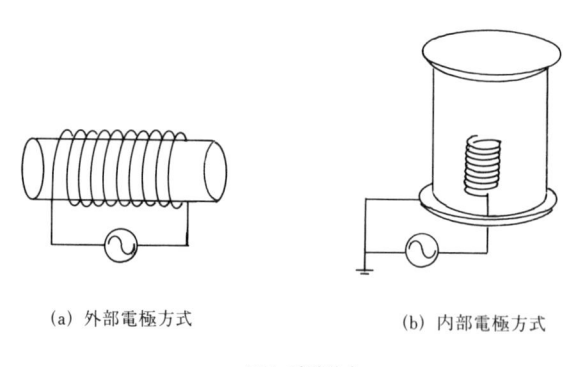

(a) 外部電極方式　　　　(b) 内部電極方式

（B）誘導結合

図 3.21　高周波放電プラズマの発生方法

ながら衝突電離（α作用）を繰り返すため，放電の維持にγ作用は必要としなくなる。α作用が活発に行われているために電子の生成量が多く，放電開始電圧および放電維持電圧は直流または低周波放電の場合に比べて低下する。このことは，電極が誘電体のような絶縁物に覆われた状態（無電極の状態）でも放電が維持できることを意味している。

高周波放電プラズマの発生方法としては，図3.21に示すように（A）**容量結合型**，（B）**誘導結合型**が挙げられ，それぞれ（a）外部電極方式，（b）内部電極方式の2つの方式がある。これらのうち容量結合型の内部電極方式は使用周波数の範囲が広く，比較的大きな処理面積を確保できることから，生産規模の容量結合型の高周波プラズマ反応装置が使われている。特に内部電極方式は電極へのターゲットや基板の取付けが容易なことから，従来から平行平板型反応装置が多く用いられてきている。

なお，ここでの結合とは回路とプラズマの結合（カップリング）を意味し，コンデンサ（容量）形式のものを容量結合，コイル（誘導）形式のものを誘導結合と呼んでいる。

## 3.5 放電プラズマ発生技術 III
——— 低圧力・高密度プラズマ ———

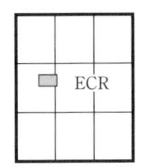

ECR

**ドライプロセス**と呼ばれるプラズマを用いる半導体製造法は，電子デバイスの作製に欠かせないツールである。高周波プラズマの利用のなかでも，3.4で述べた内部電極方式の容量結合型の装置は，長い間，半導体プロセスの中心的役割を担ってきた。しかし，今日の半導体プロセス技術の進展は，デバイスのさらなる微細化と大面積化を急速に求めており，これに対応できる新しいプラズマ源の開発が緊急課題となっている。新しいプラズマ源は，これまでにない高密度で大口径であることが必須条件であるとともに，低い圧力でプラズマを生成しなければならない。たとえば，密度では$n = 10^{17} \sim 10^{18} [\mathrm{m}^{-3}]$，口径0.2m以上で密度分布のばらつきは3%以下，圧力は0.05～1[Pa]であるような条件が求められている。近い将来には高集積化の流れは回路パターンの線幅を

0.25 μm から 0.1 μm へ要求を深めるものと思われる．そのような超微細加工を期待している一方，太陽電池や液晶ディスプレーは，大型化を指向し 1 m 級のジャイアントプロセスをも必要とする勢いである．つまり，大面積であるとともに超微細な構造を持ち合わせる薄膜デバイスを，その機能，品質を失うことなく量産できるようなプラズマプロセスが求められていくことになる．

このような苛酷な条件を満たす高効率プラズマ源として，現在開発がさかんな(1)ECR プラズマ (electron-cyclotron-resonance plasma)，(2)ヘリコン波励起プラズマ (helicon-wave excited plasma)，(3)誘導結合型プラズマ (inductively coupled plasma) などがある．これらの 3 方式におけるプラズマの特徴は，いずれの方式ともに圧力が非常に低く，それにもかかわらず高密度のプラズマが得られる特徴をもっている．プラズマへのエネルギー供給は，外部から加える高周波またはマイクロ波が誘電体を通してプラズマと電磁的に結合するよう構成されている．以下に，各方式の装置構成と特徴を説明する．

(1) ECR プラズマ

この ECR プラズマの生成方式は，プラズマと磁場との密接な関係を利用する．たとえば，磁場の中にプラズマをおくと，図 3.22 のようにプラズマ中の電子とイオンは磁力線を中心に回転運動をする．このような回転運動を**サイク**

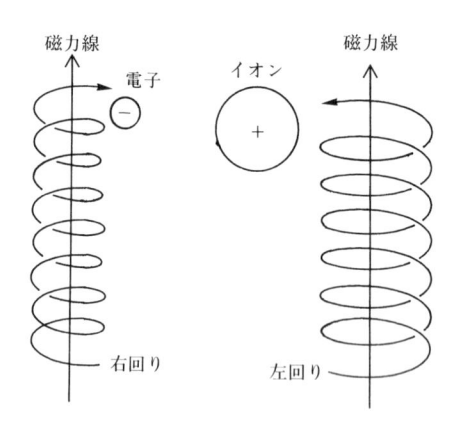

図 3.22 電子サイクロトロン運動の図

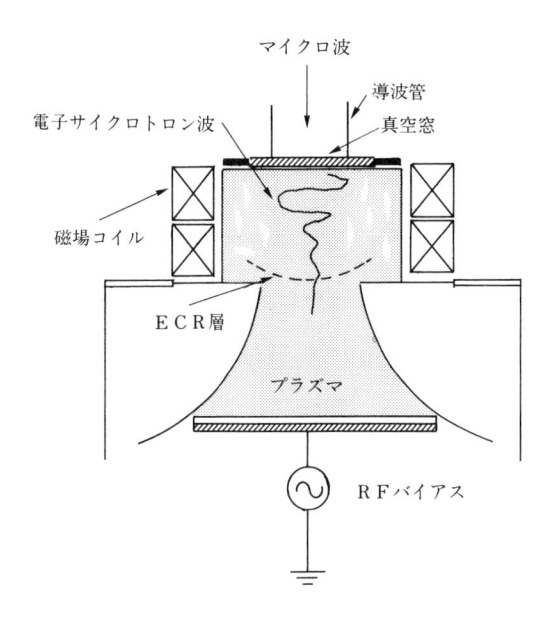

図 3.23 ECRプラズマ装置

ロトロン運動と呼ぶ。

　この回転する速さに合わせた交流電場を加えると，**電子サイクロトロン共鳴**（ECR：electron-cyclotron-resonance）という現象が生じて，電子を有効に加速し大きなエネルギーを与えることができる。電子やイオンが磁力線に拘束される性質を利用すれば，プラズマをある特定の空間に閉じ込めたり，磁力線の分布を変えることで欲しい形のプラズマ分布ができる。また，プラズマに互いに直交した電場と磁場を同時に加えると，電子とイオンは回転しながら同じ方向に移動することになる。

　**図 3.23** に ECR プラズマ装置の概略図を示す。いま，磁場がない状態において密度 $n$ のプラズマに周波数 $\omega$ のマイクロ波を照射すると，電子プラズマ周波数 $\omega_p > \omega$ であるような高密度なプラズマの場合ではマイクロ波が反射されてしまう。

しかし，磁場 $B$ を印加して電子サイクロトロン周波数 $\omega_c>\omega$ となる強磁場側からマイクロ波が入射されると，プラズマ中へ容易に透過して右まわりの短波長の円偏波が励起される．このときの分散の近似式は以下のように与えられる．

$$\frac{\omega}{\omega_c}\frac{\omega_p^2}{c^2}+\left[\frac{\omega}{\omega_c}+j\frac{\nu}{\omega_c}\right](k_\parallel^2+k_\perp^2)-k_\parallel(k_\parallel^2+k_\perp^2)^{\frac{1}{2}}=0$$

ここで，$c$ は光の速度，$\nu$ は電子の衝突周波数，$k_\parallel$ は磁場方向の波数，$k_\perp$ は磁場に垂直な方向の波数である．

　いま，磁場方向の波数 $k_\parallel=k_r+jk_\ell$ とおくと，虚数部 $k_\ell$ は波の減衰率を示している．この右まわりの円偏波は，$\omega/\omega_c$ が 1 に近いとき**電子サイクロトロン波**と呼ばれる．$\frac{\omega}{\omega_c}\leq\frac{1}{2}$ のような低周波の領域では**ヘリコン波**と呼ばれている．

### （2）　ヘリコン波励起プラズマ

　ヘリコン波という名称は 1960 年に Aigrain が"低温金属内を伝搬する波"

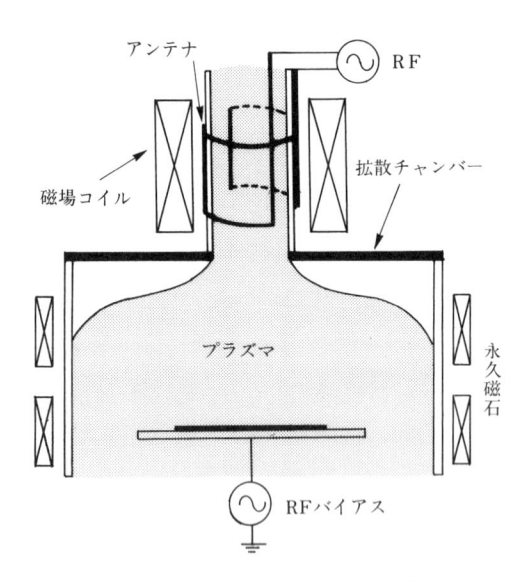

**図 3.24**　ヘリコン波励起プラズマ装置

をヘリコン波と名付けたことに始まる。ヘリコン波をプラズマの生成に利用する試みは以前よりあったが，1980年代に入ってプラズマプロセスやアルゴンイオンレーザの高密度プラズマ生成で注目された。また，以前より日本でも核融合における加熱やプラズマ生成にもヘリコン波が利用されている。図3.24にヘリコン波励起プラズマ装置の概略図を示す。細い石英管の周りにアンテナを巻き，これに高周波電流を流すと弱い磁場中で数kWの高周波電力で$10^{18}$〜$10^{19}[m^{-3}]$もの高密度プラズマが得られる。このプラズマを拡散チャンバーに導いて半導体プロセスのエッチングなどを行う。拡散チャンバーの壁は多くの永久磁石で覆うようにするが，これはプラズマの損失を抑えるためである。

### （3）誘導結合型プラズマ

磁場を用いない高周波放電には，**電界型放電**と**磁界型放電**がある。電界型放

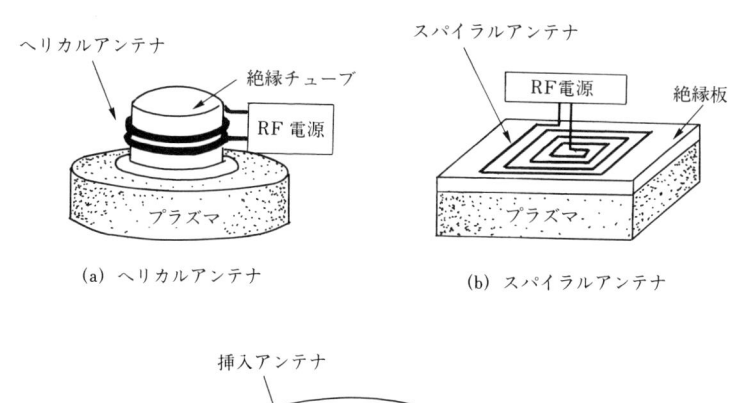

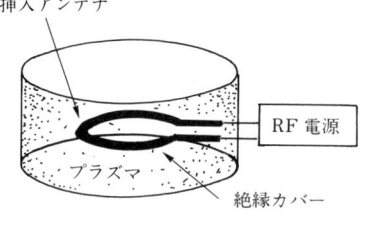

(a) ヘリカルアンテナ

(b) スパイラルアンテナ

(c) 挿入ループアンテナ

図3.25　誘導結合型プラズマ発生の概念図

電では電極上の電荷がつくる静電場を介して放電し，磁界型放電ではアンテナを流れる電流により生じるアンテナ近傍の誘導電界中で放電する。電界型は容量結合型プラズマを生成し，磁界型は誘導結合型プラズマを生成する。細いガラス管の周囲に巻いたコイルに高周波電流を流して放電に導く方式は，以前から重合膜の作製などで行われてきた。しかし，誘導結合型放電が近年着目されだしたのは，低圧力で高密度の大口径プラズマが容易に得られることが明らかになったためである。

　図3.25にアンテナのタイプが異なる3種類の誘導結合型プラズマ発生の概念図を示す。(a)はヘリカルアンテナ，(b)は平面型のスパイラルアンテナ，(c)はプラズマの内部に挿入する挿入ループアンテナである。誘導結合型プラズマを他のECRプラズマやヘリコン波励起プラズマと比べると装置のアスペクト比（プラズマの直径と長さの比）を大きくとれるのが特徴である。

## コラム 5
## 放電プラズマの発光色を変える

　本文で示したように低圧グロー放電の負グローと陽光柱では発光色がかなり違う。特に窒素ガスでは負グローの発光色はきれいな青色で，陽光柱では赤色である。もし負グローだけの放電と陽光柱を主体にした放電とを同一の放電管内で自由に切り換えることができるならば，青色と赤色を交互に変えられる可変色照明管ができる。

　ホロー陰極放電は負グローが主体の放電であるから，通常の負グロー領域の短い放電と違い，放電管の形状を工夫することでこれが可能となる。

　考案した，ホロー陰極を利用した可変色放電管の電極構造を図に示す。基本構造は，円筒状陽極の内側に絶縁物を隔てて，壺形ホロー陰極を配置してある。絶縁物と壺形ホロー陰極の側面には1ヵ所細長い溝が設けてある。

　下図（a）の配置では強いホロー陰極放電が起こり放電色は青色になる。ホロー陰極を回転して下図（b）の配置にすると通常の陽光柱の発光（赤色）を主体にした低圧グロー放電が起こる。

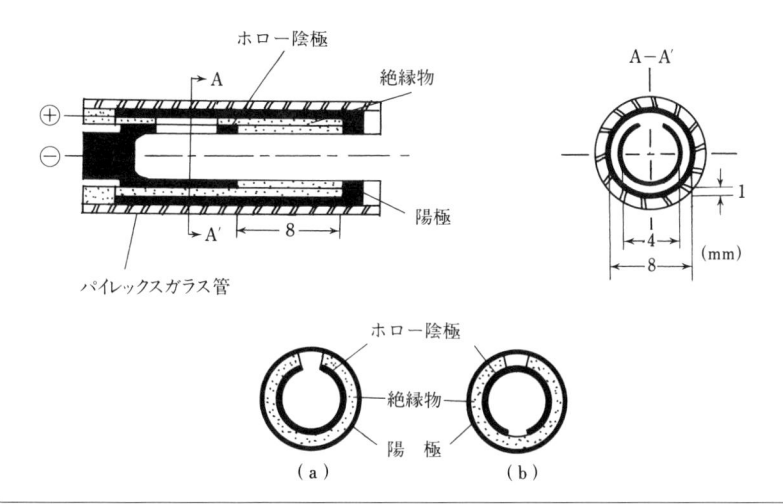

# 第4章
## プラズマを計測する

プラズマの状態を調べる方法をプラズマ診断という。
プラズマ診断には分光法，探針法，電波探査法などがある。本章では，これらの方法の概要説明とその測定例を紹介する。

## 4.1 発光分光法

プラズマから放射される発光スペクトルには多くのプラズマパラメータに関する情報が含まれている。スペクトル線の測定で得られる情報は波長，強度，スペクトル線の拡がりの幅などであり，これらの測定データから有用なプラズマ情報を抽出する必要がある。プラズマ中の粒子種を知るにはスペクトル線の波長を測定すればよい。スペクトル線の波長を同定するには，波長表を用いて既知のスペクトル線の波長と比較して決定する。

スペクトル線の発光強度は電子温度，電子密度など多くのプラズマパラメータの関数になっているから，一般には，ある2つのスペクトル線の強度比から電子温度，電子密度，イオン温度を求めることができる。図4.1に発光分光分析のための基本構成図を示す。

プラズマから放射される上準位 $m$ から下準位 $n$ への遷移によるスペクトル線の強度 $I_{mn}$ は，

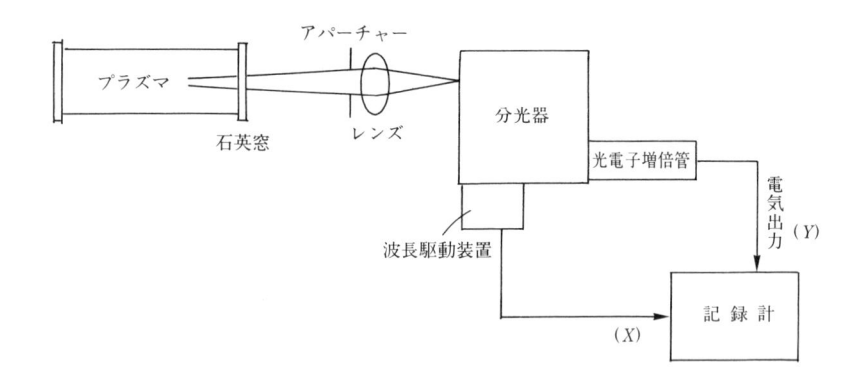

図 4.1　発光分光分析の基本構成図

$$I_{mn} = N_m A_{mn} h \nu_{mn} \tag{4.1}$$

で与えられる。ここで，$N_m$ は上準位 $m$ の原子（またはイオン）密度，$A_{mn}$，$\nu_{mn}$ はそれぞれ準位 $m$ から準位 $n$ への自然放出の遷移確率，および放出される光の周波数である。なお，$h$ はプランク定数である。

原子（またはイオン）の各準位の占有密度分布が Maxwell-Boltsmann 分布であると仮定すると，プラズマから放出されるスペクトル線の準位 $m$，$n$ からそれぞれ $i$，$j$ 準位への遷移に対応した2つのスペクトル線の強度比は，

$$\frac{I_{mi}}{I_{nj}} = \frac{N_m A_{mi} \nu_{mi}}{N_n A_{nj} \nu_{nj}} = \frac{A_{mi} \nu_{mi} g_m}{A_{nj} \nu_{nj} g_n} \exp\left(-\frac{E_m - E_n}{kT_e}\right) \tag{4.2}$$

で表される。ここに，$E_m$ と $E_n$ は基底準位から準位 $m$ と $n$ への励起エネルギー，$g_m$，$g_n$ は準位 $m$ と $n$ の統計的重みである。

このようにスペクトル線の発光強度の比較を行うことによって，電子エネルギー（電子温度）の平均な値を求めることができる。

グロー放電の陽光柱内のように，電子エネルギー分布が近似的に Maxwell 分布であると考えられるときには電子温度を求めることができる。

## 4.2　吸光法

放電プラズマ内の励起原子のなかで，比較的寿命の長い準安定準位の原子密度等の測定には，それらの準位を下準位とするスペクトル線の光吸収から求める方法が広く用いられている。一般に放電管の光吸収の測定には，

① 放電管の光軸上に平面鏡を設定し，放電管自身から放射されるスペクトル線強度と，平面鏡で反射された光を含んだ同一の放電管から放射されるスペクトル線強度の測定を行い，その比の値から吸収係数を求める方法（図 4.2 参照）

② 吸収測定管の光軸上に別の光源を設置し，光源を点灯しておいて，吸収管を on・off したときの強度変化から吸収係数を求める方法（図 4.3 参照）

がある。①の方法では，平面鏡の分光反射率や放電管両端の窓ガラスの分光透

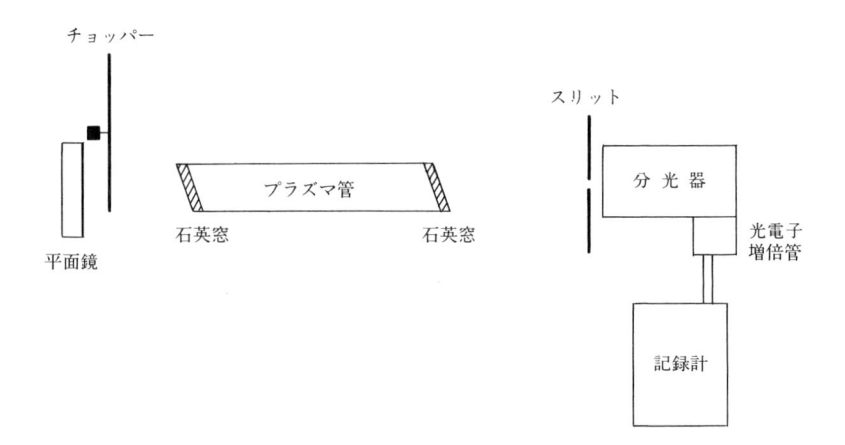

**図 4.2** 平面鏡を用いた吸収測定の構成図

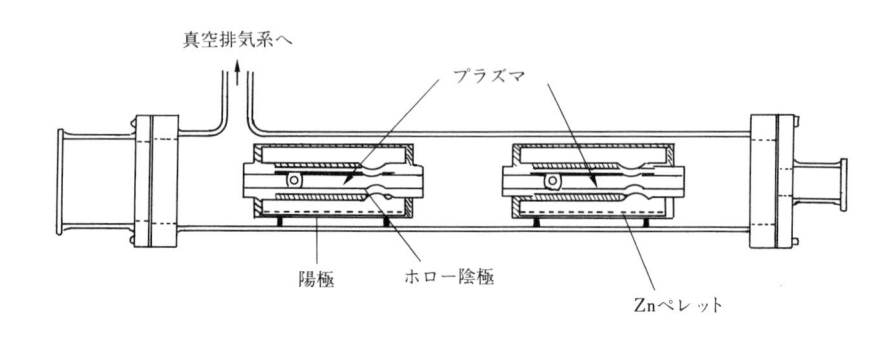

**図 4.3** ホロー陰極レーザ放電プラズマの
吸収測定管の構造

過率の値を必要とするが，これらの値を精度よく測定することは困難とされている。②の方法では，一般に光源および吸収管から放射されるスペクトル線幅は異なり，それぞれの線幅を測定する必要がある。しかし光源と吸収管を形状が全く同じ2本の放電管を製作し，両者を同一の放電条件で点灯するとき，ス

ペクトル線幅は等しくなり，容易にしかも精度よく吸収係数を求めることができる。したがってここでは②の方法について解説する。

放電管内の励起準位 $i, j(E_i \geq E_j)$，にある原子あるいはイオンがそれぞれ $N_i, N_j$ の密度で一様に分布していて，光軸上に並べられた長さ ($l$) が同じ2本の放電管について考える。2本の放電管を同一放電条件で点灯したとき測定されるスペクトル線強度を $I_{1+2}$，分光器に近い方の放電管を点灯したとき測定されるスペクトル線強度を $I_2$，光源にした放電管を点灯して測定されるスペクトル線強度を $I_1$ とする。$j$ 準位にある原子あるいはイオンによって吸収される割合 $A_L$ は，

$$A_L = \frac{I_1 + I_2 - I_{1+2}}{I_1} \tag{4.3}$$

によって表される。ここで取り扱われるような低密度の弱電離プラズマでは，スペクトル線の形は発光原子の熱運動によるドップラー幅によって支配されると考えてさしつかえないから，ドップラー幅とスペクトル線の中心における吸収係数 $k_0$ を考慮すると，$A_L$ は

$$A_L = \frac{\int_{-\infty}^{\infty} [1 - \exp\{-k_0 l \exp(-\omega^2)\}]^2 d\omega}{\int_{-\infty}^{\infty} [1 - \exp\{-k_0 l \exp(-\omega^2)\}] d\omega} \tag{4.4}$$

と書ける。したがって，$I_1, I_2$ および $I_{1+2}$ を測定することによって(4.3)式より $A_L$ を求め，(4.4)式から計算された $k_0 l$ と $A_L$ のグラフから $k_0 l$ の値を得ることができる。一方，$k_0$ は対象とする遷移間で $N_i/g_i \ll N_j/g_j$ が成立するという条件の下で，

$$k_0 = \frac{2}{\Delta v(D)} \left(\frac{\ln 2}{\pi}\right)^{\frac{1}{2}} \frac{\lambda_0^2}{8\pi} \frac{g_i}{g_j} N_j A_{ij} \tag{4.5}$$

と表される。ここで $\Delta v(D)$ はドップラー幅，$\lambda_0$ はスペクトル線の中心波長，$g_i$ と $g_j$ はそれぞれ遷移の上準位と下準位の統計的重み，$A_{ij}$ は $i$ 準位から $j$ 準位への自然放出の遷移確率である。それゆえに $A_{ij}$ の値が判っている遷移の $k_0 l$ が求まれば，下準位の原子あるいはイオンの密度を求めることができる。

具体的に②の方法を用いて He-Zn のホロー陰極レーザ放電プラズマ中の

(a) He$2^3$S$_1$準安定原子密度

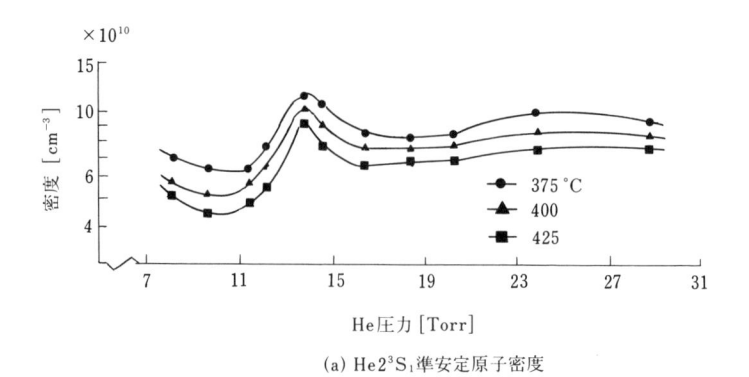

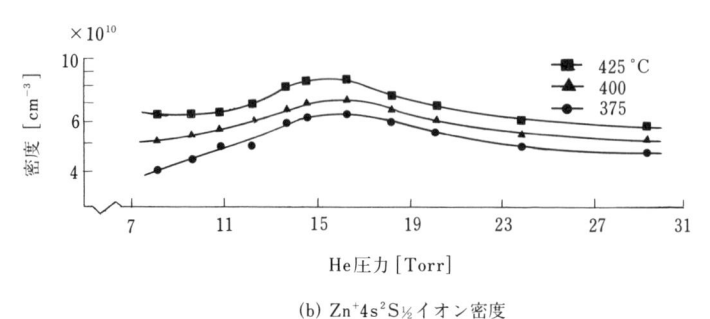

(b) Zn$^+$4s$^2$S$_{1/2}$イオン密度

図4.4　吸光法の測定例

He準安定準位の原子密度($2^3$S$_1$)とZn$^+$4s$^2$S$_{\frac{1}{2}}$イオン密度のHe圧力依存性の測定結果を図4.4に示した。パラメータは陽極の管壁温度（Znの蒸気圧）である。

# 4.3　プローブ法

　プローブ法とはプラズマ診断法の一種であり，プラズマ内部に探極(針)を挿入してプラズマパラメータを測定する方法である。その特徴は空間的分解能がよいこと（局所的測定が可能）である。マイクロ波や分光などを用いるプラズマ診断法はこの点で劣る。しかし，探極を挿入するためにプラズマの擾乱は

避けがたいという欠点がある。

　グロー放電管の陽光柱部分（プラズマ）の管壁をよく観察すると壁面に沿って発光のない薄い層があることが判る。また図4.5に示されるような電極を陽光柱部分に挿入しても発光のない薄い層が現れる。この層をシース（鞘）と呼んでいる。この電極の電位がプラズマの電位より低いとき，電極はプラズマ中の正イオンを引き寄せ電子を引き離すように作用する。その結果，電極の周りにはイオンの層ができ，極端に電子は少なくなるため，この部分はプラズマ状態でなくなり，したがって発光がなく暗くなる。これをイオンシースと呼んでいる。

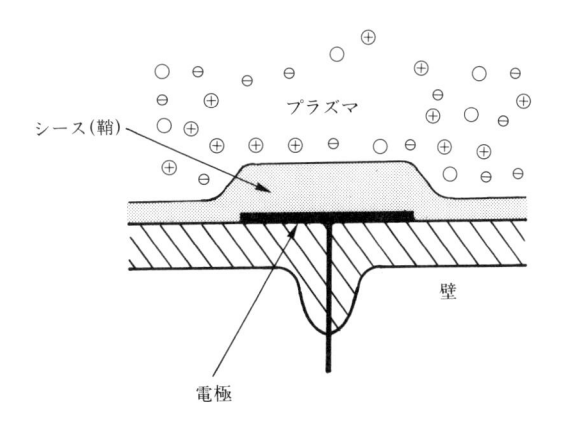

図4.5　シース（鞘）

（1）　シングルプローブ法

　現在ではプローブ法も発展して，種々の方法があるが，しかしそれらの基本となるものはラングミュア（Langmuir）のプローブ理論である。このプローブ理論の成立条件は，シース(鞘)の厚さを $d$，イオンの平均自由行程を $\lambda_i$ とすると

$$d \leq \lambda_i \tag{4.6}$$

を満足する必要があることである。

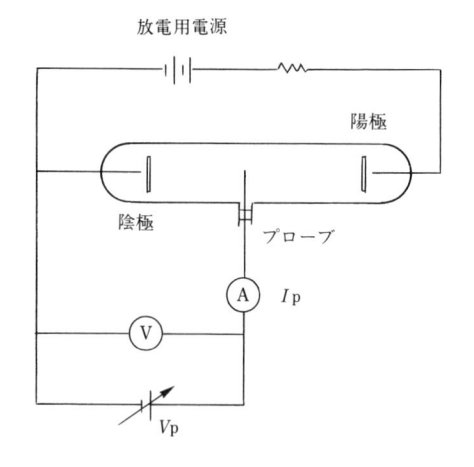

**図 4.6** シングルプローブ測定回路

　この条件は換言すれば鞘の内部でイオンと分子の衝突を考慮しなくてよいという条件である。このようなプラズマ中に第3電極として，たとえば負電位に保った探針を挿入すると，局所的にプラズマは乱されて，平衡状態がくずれ，探針のまわりには陽イオンが集中し，電子は反発されるようになる。このため探針の周囲には電子を含まない陽イオン鞘ができる。この鞘の厚さは鞘の外壁で探針の電位とプラズマの電位が等しくなるようにして決まる。

　シングルプローブ測定に用いられる回路を図4.6に示す。プローブ用電源の電圧を変えたとき得られる典型的なプローブ特性を図4.7に示す。このプローブ特性は大きく3つの領域に分けられる。

　（a）で示した領域は**イオン電流飽和領域**と呼ばれる。この領域では熱運動によってプローブ表面に到達したイオンがプラズマに対して負電位にあるプローブに捕らえられ，電子は追い返される領域である。

　（b）で示した領域は**電子電流流入領域**と呼ばれる。この領域ではプラズマ中の電子の中でプローブ電圧より高い熱運動のエネルギーをもった電子のみがプローブに捕らえられる。

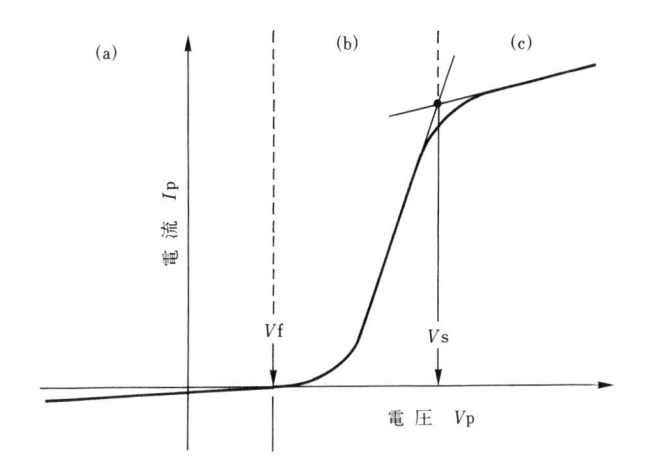

図 4.7 シングルプローブの電流—電圧特性

（c）で示される領域は**電子電流飽和領域**と呼ばれる。この領域ではプローブ表面に到達するすべての電子がプローブに流入する領域である。

浮遊電位 $V_f$ はイオン電流と電子電流が等しく，プローブ電流が0になる点のプローブ電圧である。

**プラズマ電位** $V_s$ は（b）と（c）の領域の特性を直線的に延長して得られる交点の電圧で与えられる。これがプラズマの空間電位である。

**電子温度** $T_e$ はプローブ電流 $I_P$ の対数 $\log I_P$ とプローブ電圧 $V_P$ をプロットすると直線になり，その直線の勾配から，次の式を用いて計算する。

$$\frac{d(\log I_P)}{dV_P} = -\frac{1.16 \times 10^4}{T_e} \tag{4.7}$$

電子密度 $n_e$ を用いて，プラズマ空間電位における飽和電子電流 $I_s$ が，

$$I_s = n_e e s \sqrt{\frac{kT_e}{2\pi m}} \tag{4.8}$$

で表される。ここで $e$ および $m$ はそれぞれ電子の電荷と質量である。$k$ はボ

ルツマン定数である。したがって，電子温度 $T_e$ およびプローブの表面積 $s$ がわかっていれば電子密度 $n_e$ を求めることができる。

### （2） ダブルプローブ法

シングルプローブ法は原理が主として電子電流に依存するからプローブの要求する電流値が大きくなり，そのためプラズマを乱し，極端な場合には主放電がプローブに移って測定が不可能となることさえある。ダブルプローブ法はイオン電流に立脚するから電流ははるかに小さくてすみ，低密度のプラズマ測定に適する。しかし，測定できるプラズマパラメータは電子温度が主であり，他のプラズマパラメータを求めることは不可能か，あるいはきわめて煩雑である。さらに，高周波無電極放電およびアフターグローのプラズマパラメータの測定は，基準となる電位が与えられないので，シングルプローブ法は適用できないから，ダブルプローブ法を用いる。

ダブルプローブ測定に用いられる回路を図 4.8 に示す。典型的なダブルプローブ特性を図 4.9 に示す。このプローブ特性は( a )**イオン電流飽和領域**，( b )**遷移領域** の 2 つの領域に分けられる。

プラズマが一様で 2 つのプローブの構造および表面積がまったく等しく，ダ

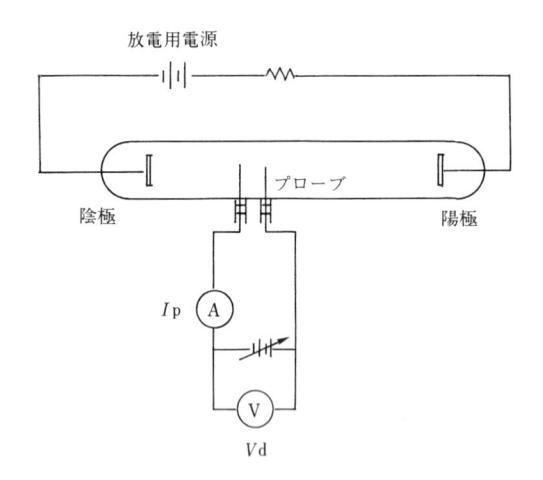

図 4.8 ダブルプローブ測定回路

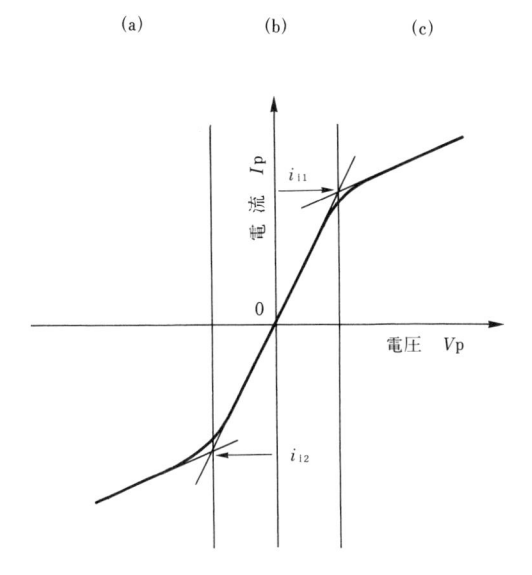

図4.9 ダブルプローブの電流―電圧特性

ブルプローブのそれぞれの探針に流入するイオン電流 $i_i$ が等しいとき，探針間の電位差を $V_d$ とすると(b)の遷移領域においてプローブ電流 $I_p$ は，$V_d$ におけるイオン電流 $i_i$ が一定として

$$I_p = i_i \tanh \frac{eV_d}{2kT_e} \tag{4.9}$$

となり，

$$V_d = \frac{4kT_e}{e} \tag{4.10}$$

となる。これから電子温度 $T_e$ を求めることができる。

また，2つの探針におけるイオン電流 $i_{i1}, i_{i2}$ が異なるとき，プローブ電流がゼロとなる原点におけるプローブ特性の傾きは，

$$\frac{dI}{dV} = \frac{e}{kT_e}\frac{i_{l1}i_{l2}}{i_{l1}+i_{l2}} \tag{4.11}$$

で与えられるから，これからも電子温度 $T_e$ を求めることができる．

## 4.4　レーザビーム法

### (1)　レーザ誘起蛍光法

　上準位と下準位間のエネルギー差に等しい波長のレーザ光をプラズマ中の原子（または分子）に入射すると，吸収して下準位の一部は上準位に励起される．励起された準位からは蛍光を放射する．この放射光の強度を測定することにより，レーザ光を吸収した準位に存在する粒子の密度を求めることができる．この方法の特徴は非常に高い検出感度で空間的，時間的に分解できることである．

### (2)　レーザ干渉法

　レーザ光をプラズマに透過し，屈折率の分布情報を位相の変化とした電磁波に基準となる電磁波を重畳すると干渉して強度変化を生じる．この強度変化からプラズマの屈折率の分布，すなわち電子密度の分布を測定することができる．

### (3)　レーザ散乱法

　プラズマにレーザ光を入射すると，電子はレーザ光を散乱する．散乱されたレーザ光は電子の速度に応じて周波数すなわち波長が変化する．これらの散乱光スペクトルのドップラー拡がりから電子温度が求められる．またイオン温度を求めることも可能である．

## 4.5　電波探査法

　地球電離層(圏)プラズマの測定，特に電子密度測定は古くから行われてきた．その方法は，地上から電波パルスを放射し，この電波の周波数が，電離層プラズマのプラズマ周波数に一致する電子密度の場所で反射されるという性質

第 4 章 ◆ プラズマを計測する

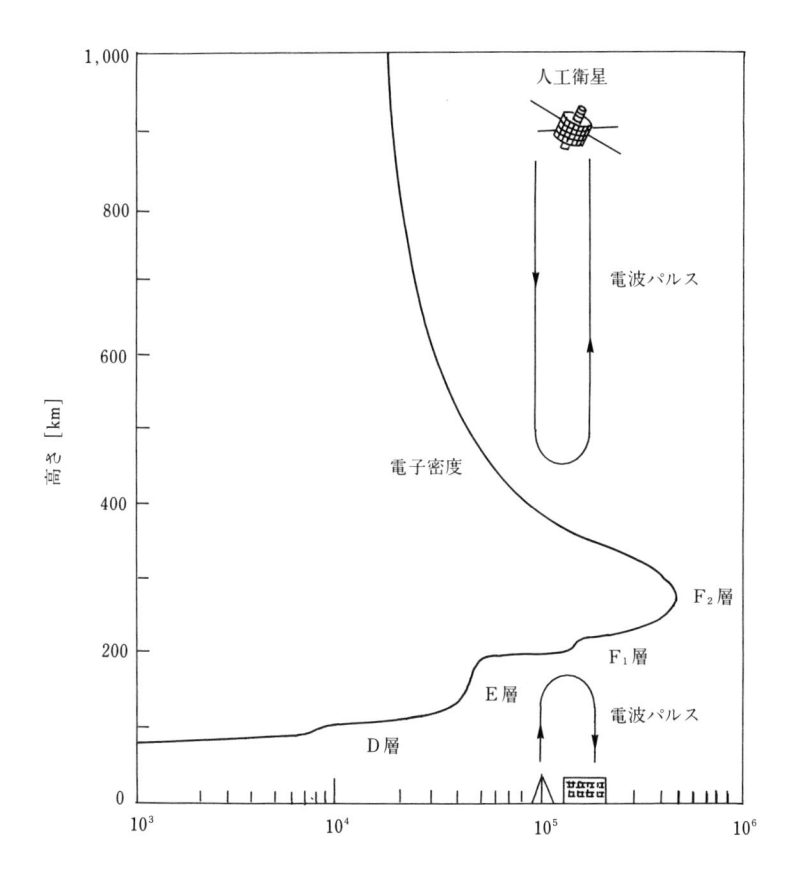

**図 4.10** 電離圏の電子密度計測

を利用している。つまり，電波の往復に要する時間から反射された場所（およびその場所での電子密度）がわかり，電波の周波数を変化させることにより電子密度の高度プロファイルが求められる。しかし，この方法では地上から電子密度が増加してゆく $F_2$ 層のピークまでの測定は可能であるが，その上空で電

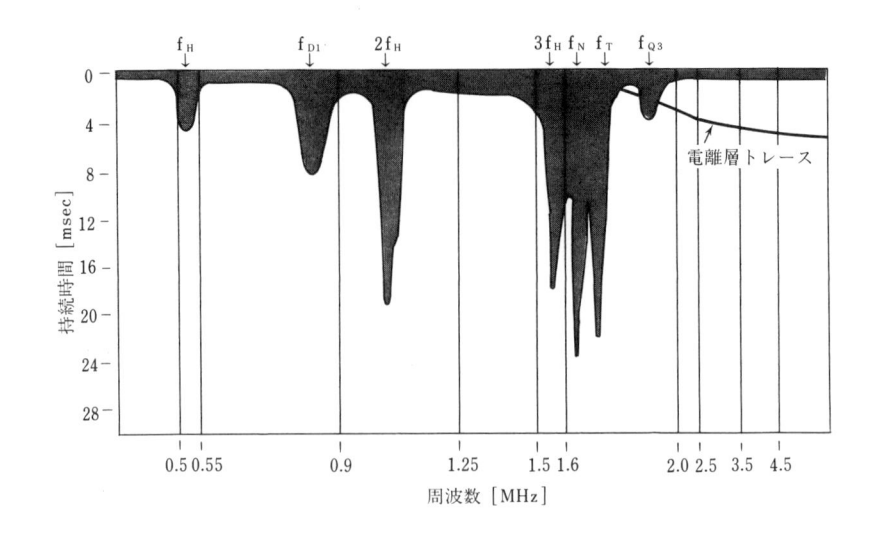

図 4.11 アロエッタの共鳴

子密度の減少していく領域での電子密度プロファイルは測定できない（図 4.11 参照）。

そこで，電離層の上部の電子密度を計測するため，人工衛星を電離層のさらに上空に打ち上げ，同様な方法で電離層上部の電子密度を計測することが考えられた。この方法は，**トップサイドサウンディング**（Topside Sounding）**法**と呼ばれ，カナダの人工衛星アロエッタによって初めて実施された。この実験では，期待どおり電離層の電子密度プロファイル（図 4.11 右端に見られる）が得られただけでなく，放射した電波と衛星周辺のプラズマとの相互作用により，多くの信号が受信された（図 4.11 参照）。ここで，$nf_H$ で表わされたものは電子サイクロトロン周波数およびその高調波による共鳴現象を示しており，その他にも $f_N$，$f_T$，$f_{D1}$ 等で表わされる複雑なプラズマ共鳴現象がみられる。

これらの観測結果から，衛星から放射された電波が周辺のプラズマと相互作用した結果，新たなプラズマ波動を生成したり，プラズマを加熱したりする現象が確認されることとなった。観測データを解析することにより，衛星周辺の

プラズマの密度，温度および磁場の情報を得ることができるばかりでなく，宇宙空間プラズマ中で起こっている自然現象の再現実験としても，その重要性が認識されることとなった．

　その後，わが国の人工衛星「じきけん（EXOS-B）」で，同種の実験が行われ，宇宙空間プラズマ中での電磁波とプラズマとの非線形相互作用の再現に成功し，その物理メカニズムの解明が進められた．

## 第5章
## プラズマはどのように利用されているか

プラズマの応用は非常に広範囲に及ぶ。この章では，半導体の製造プロセスに利用されるプラズマ技術をはじめ，プラズマ加工技術，気体レーザ，プラズマスイッチ，核融合，その他各種のプラズマ応用技術を紹介する。
ここでも，それぞれのプラズマには第1章で解説したプラズマの状態を絵記号で示す。

# 5.1 半導体プラズマプロセス

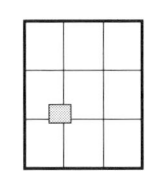

　非平衡プラズマ中で大きな運動エネルギーを得た電子は，中性分子や原子との非弾性衝突でそのエネルギーの大半を失い化学的に活性な粒子を生成する。化学的に活性な粒子といっても希薄なプラズマ気体中での反応速度は，一般の化学反応とは異なり比較的ゆるやかである。それに加えてプラズマプロセスは，プラズマ生成のためにエネルギー注入が必要なこともあり，製品や材料物質の大量生産には不向きの反応であると考えられていた。けれども，近年この反応が注目され大いに研究されたのは，大規模集積回路を代表とする高付加価値の半導体デバイスの開発で，その有用性が明らかになったことである。このプラズマプロセスは，液体中の化学プロセスであるウェットプロセスに対しドライプロセスと呼ばれる。ドライプロセスは従来の液体中で行われた化学反応とは異なり，気体中で化学反応を起こすことでさらなる微細加工を可能としたものである。このドライ化により製造過程がずっと単純化され，しかも高温で熱的に進行する化学反応とは異なるのでプロセスの低温化も可能である。ドライプロセスは，非平衡状態にあるプラズマ中の活性化粒子（ラジカル：安定分子から原子がいくつか除かれた活性種。）を利用するため，製造過程でデバイスに損傷を与える可能性も低く，製品の歩留まりと信頼性が著しく向上している。以下に，半導体プラズマプロセスの中で代表的なプラズマ CVD，スパッタリング，プラズマエッチングについて紹介する。

## 5.1.1　プラズマ CVD

　プラズマ CVD (Chemical Vapor Deposition) は，加熱した基板上に原料ガス（ソースガス）を供給し，化学反応で生じた生成物質を基板上に堆積させて薄膜を形成するもので，**化学蒸着法**あるいは**化学気相成長法**とも呼ばれる。たとえば，光ファイバーや太陽電池の製造にも広く応用されている。

　プラズマ CVD では，プラズマ中に含まれる中性励起粒子のラジカルを利用

第5章◆プラズマはどのように利用されているか

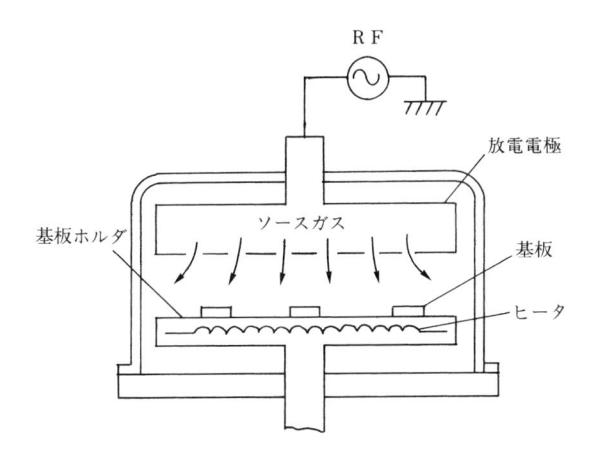

**図5.1 ２極放電型プラズマＣＶＤ装置**

する。グロー放電プラズマのような電子温度の高い非平衡プラズマでは，高い準位に励起された中性の活性粒子が多く存在し，比較的低い基板温度たとえば300〜400℃程度でもCVD反応が進行する。特に，超微細加工でできあがった素子を高温にさらしたくない場合が多いので，CVD装置が必要となってくる。このようにして形成される薄膜としては，多層構造デバイスにおける層間の絶縁あるいは外界から保護を目的とした酸化シリコン，窒化シリコンなどの膜がある。このCVD装置を利用した分野の一例として，アモルファスシリコン(a-Si)による太陽電池の作製がある。アモルファス材料は，1960年代から半導体の分野で用いられてきたが，折からのエネルギーの枯渇問題とクリーンエネルギーを得ようという時代の要請で，ブームといえるほど多くの人がa-Siの研究に参加した。a-Siの太陽電池はすでに量産時代で，そのための大型CVD装置が多く稼働している。プラズマCVD装置の基本構成は，反応気体(原料ガス)が流されている雰囲気中で，放電電極を用いて基板の表面にプラズマを発生させる構造となっている。電極構造は基本的に熱電子放電型，二極放電型，マグネトロン放電型，無電極放電型，ECR放電型の5種類が考えられている。図5.1に二極放電型の概略構造図を示す。ソースガスの流れが基板表面に均一にいきわたるように工夫されている。

表5.1 プラズマCVD法により作成される薄膜

| | 膜の種類 | 原料 | 膜の種類 | 原料 |
|---|---|---|---|---|
| 単体元素 | a-Si | $SiH_4$<br>$SiH_4+H_2$<br>$SiH_4+Ar$<br>$SiF_2(SiF_4)+H_2$<br>$SiCl_4+H_2$<br>$Si_2H_6$<br>$Si_3H_8$ | a-Ge<br>i-C<br><br>B<br><br><br>Ti | $GeH_4$<br>$C_nH_m$<br>$C_6H_{6-m}F_m$<br>$B_2H_6$<br>$BCl_3+H_2$<br>$BBr_3$<br>$TiCl_4+H_2+Ar$ |
| | As<br>Al<br><br>W | $AsH_3$<br>$Al(CH_3)_3$<br>$AlCl_3+H_2$<br>$WF_6+H_2$ | Mo<br><br><br>Ni | $MoF_6+H_2$<br>$MoCl_6+H_2$<br>$Mo(CO)_6$<br>$Ni(CO)_4$ |
| 酸化物 | $SiO_2$ | $SiH_4+N_2O+(Ar)$<br>$SiH_4+O_2$<br>$SiH_4+CO_2$<br>$SiCl_4+O_2$<br>$Si(OC_2H_5)_4+O_2$<br>$SiH_4+N_2O+PH_3$ | $GeO_2$<br>$B_2O_3$<br>$Al_2O_3$<br><br><br>$SnO_2$ | $Ge(OC_2H_5)_4+O_2$<br>$B(OC_2H_5)_3+O_2$<br>$Al(CH_3)_3+N_2O$<br>$Al(O_2H_5)_3+O_2$<br>$AlCl_3+O_2$<br>$SnCl_4+O_2$ |
| | $TiO_2$ | $TiCl_4+O_2$<br>$TiCl_4+CO_2+O_2$ | ZnO<br>$Fe_2O_3$ | $Zn(C_2H_5)_2+CO_2+O_2$<br>$Fe(CO)_5$ |
| 窒化物 | SiN | $SiH_4+NH_3+N_2$<br>$SiH_4+NH_3+Ar$<br>$SiH_4+NH_3+He$<br>$SiH_4+NH_3+H_2$<br>$SiH_4+N_2+Ar$<br>$SiH_4+N_2+He$<br>$SiH_4+N_2+H_2$<br>$SiH_4+N_2$<br>$SiF_2(SiF_4)+N_2+(H_2)$<br>$SiH_2Cl_2+NH_3$<br>$SiI_4+N_2$ | BN<br><br><br><br>AlN<br>$P_3N_5$<br>GaN<br>TiN | $B_2H_6+NH_3$<br>$BCl_3+NH_3+Ar$<br>$BH_3N(C_2H_5)_3+NH_3+Ar$<br>$B_3N_3H_6$<br>$AlCl_3+N_2$<br>$P+N_2$<br>$GaCl+N_2$<br>$TiCl_4+N_2+H_2$<br>$TiCl_4+NH_3+H_2$ |
| 炭化物 | SiC<br><br><br>TiC | $SiH_4+C_nH_m$<br>$SiF_4+CF_4+H_2$<br>$Si(CF_3)_4$<br>$TiCl_4+CH_4+H_2$ | $B_xC$<br>BCN<br>GeC | $B_2H_6+CH_4$<br>$B_2H_6+N_2+CH_4$<br>$GeH_4+CH_4$ |
| 化合物 | $MoSi_2$<br>$WSi_2$ | $MoCl_5+SiH_4+Ar+H_2$<br>$WF_6+SiH_4+Ar$<br>$WF_6+SiH_4+He$<br>$WF_6+SiH_4$ | $TiSi_2$<br>$TiB_2$<br>CdS<br>GaP | $TiCl_4+SiH_4$<br>$TiCl_4+BCl_3+H_2$<br>$Cd+H_2S$<br>$Ga(CH_3)_3+PH_3$ |

従来，プラズマの発生にはグロー放電が多く用いられたきたが，第3章で述べたように最近では大口径で超微細加工の要求から，電子サイクロトロン共鳴を利用したECR加熱プラズマ装置が広く利用されている。プラズマCVD法により作製される薄膜を表5.1にまとめた。

## 5.1.2 スパッタリング

スパッタリング現象は19世紀に発見されたが，好ましくない現象として長い間考えられていた。好ましくない例としては，蛍光灯の電極がスパッタされてソケットの周りが黒くなっているのがよく見かけられる。しかし，スパッタ現象を薄膜作成の技術として用いることが着目されて以来いろいろと研究が重ねられて今日に至っている。図5.2にスパッタ現象の摸式図を示す。

スパッタリング（Sputtering）法は真空蒸着法，イオンプレーティング法とともに**物理的蒸気凝縮法**（PVD：physical vapor deposition）と呼ばれる薄膜形成法の一つで，薄膜の製造には不可欠の方法である。プラズマ放電によって生成されたイオンでターゲットと呼ばれる母材料を叩いて跳ね飛ばし，その跳ね飛ばした母材料の原子を目的の基板の上に堆積させて非常に薄い膜を作ろうとするものである。加速されたイオンが固体の表面に衝突するといろいろな現

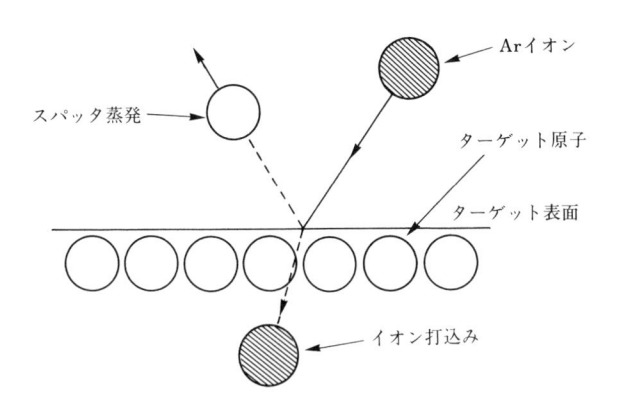

図5.2　スパッタ現象

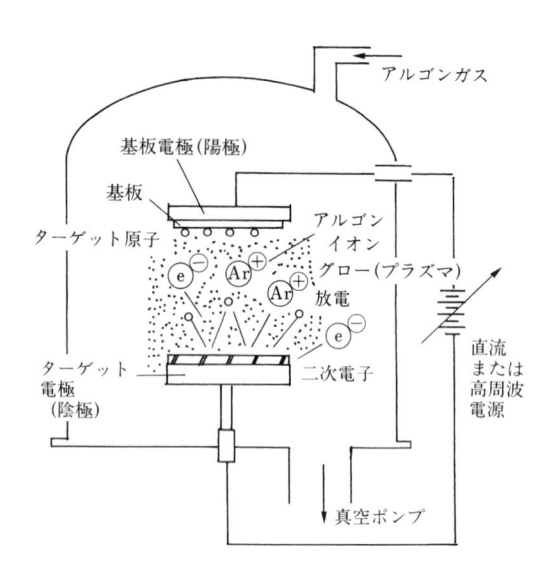

図 5.3　スパッタリング装置

象が起こる。スパッタリング法では，はじき出されたターゲット原子がある程度の運動量をもっているため，かなり気体の圧力の高いところでも緻密な膜ができる。1個のイオンの入射によりスパッタされる原子数をスパッタ率 [atoms/ion] という。このスパッタ率が大きいほど薄膜の生成速度が大きくなる。スパッタ率はイオンのエネルギーにより変化する。イオンのエネルギーを低くしていくとスパッタが認められなくなる。この値をスパッタのスレッショルドエネルギーという。金属では 10〜30 [eV] である。しかし，イオンエネルギーをただ増加すればスパッタ率が上昇するのではない。150 [eV] くらいまではイオンエネルギーの 2 乗に比例する。150〜400 [eV] くらいまではイオンエネルギーの 1 乗に比例する。400〜5,000 [eV] くらいまではイオンエネルギーの $\frac{1}{2}$ 乗に比例する。しかし，イオンエネルギーが数十 [keV] 程度になると固体の中にイオンが侵入してしまう現象が起こる。図 5.3 にスパッタ

リング装置の概略図を示す。

　イオンビームスパッタリングは，プラズマ空間を用いずにイオンのみをターゲットに衝突させる方式なので，汚染が少なくなるという特徴がある。スパッタリングでは必ず母材料のターゲットが必要であり，ターゲット材料としての十分な吟味が必要である。一般に，インライン方式が組みやすくて再現性が良いので生産には多く用いられてきている。放電プラズマによりアルゴンイオンを生成して用いるのが基本である。電極の構造形式で2極型，3極型，4極型などの各種方法に伴った装置が作られたが，いずれの場合もスパッタ率が蒸着装置の蒸着速度に比べて遅いので，生産性が蒸着に比べて劣っていた。それが近年，新しいスパッタ源としてマグネトロン型が発明され，通常のスパッタ法に比べて数10倍のスパッタ速度が得られるようになってから大きく進展した。

　スパッタリング法で作製された薄膜はIC回路部品，保護膜，太陽電池，センサー素子など多岐にわたっている。薄膜が利用される理由は，薄い膜であるためのサイズ効果が利用できること，物体表面の性質をその物体の形状や体積をほとんど変えることなく別の性質に変えることができるためである。スパッタリングによる薄膜製造技術は現代の錬金術ともいえる技術である。

### 5.1.3　プラズマエッチング

　プラズマエッチングは，プラズマCVDのように基板などの固体表面に化学反応で生成された物質を堆積させるのとは反対に，プラズマによって基板表面の原子を削り取る反応である。プラズマCVD装置でソースガスの代わりにエッチングガスを送り込み，基板の温度を変更すればプラズマエッチング装置ができると理解すればよい。コンピュータのCPUやメモリなどに要望の多い大規模集積回路の集積度を上げるには，パターンの長さと線幅の両方を縮小しなければならない。なかでも長さより線幅を縮小することの方が難しい。現状では0.3〜0.2ミクロンの線幅を目指した開発が行われている。このため，エッチングにおいてもアスペクト比（エッチングの場合，掘り下げる溝の深さと幅の比）の高い，彫りの深い加工が求められている。さらに，できあがった製品の信頼性や歩留まりを考慮すると，マスクや基板にできるだけ損傷を与えず，

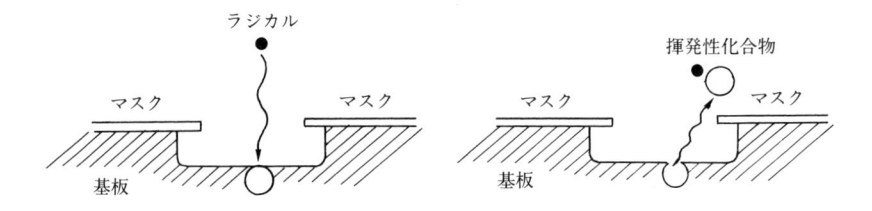

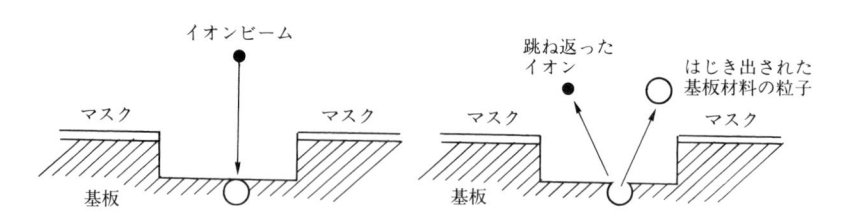

(a) 化学的エッチング

(b) 物理的エッチング

図 5.4　プラズマエッチング

かつ迅速に基板の不要な部分だけをエッチングするプラズマ反応が必要である。プラズマエッチングには以下に述べるように，(A)化学的な方法と，(B)物理的な方法の2通りがある（図5.4）。

### （A）　化学的エッチング

　化学的エッチングの主役をなすものはプラズマ中で励起された活性化粒子のラジカルである。図5.4(a)のように，エッチングガスのラジカルと基板物質とが反応すると，生じた生成物は揮発性であるために基板表面から離脱して基板が削り取られる。雰囲気ガスと基板物質の種類およびプラズマ放電条件を適当に組み合わせれば，化学反応に選択性を持たせることができる。化学的エッチングは，基板表面から物質が均一に削り取られるという特徴をもっている。その理由は，ラジカルが衝突を通じて不規則な熱運動しながら基板面に到達するのでエッチングが等方的に進行するためである。

### (B) 物理的エッチング

物理的エッチングの主役をなすものは加速されたイオンである。図5.4(b)のようにプラズマ放電中で発生したイオンを電界で加速して基板表面に衝突させる。衝突させるイオンにはアルゴン，ネオン，ヘリウムなどの不活性ガスを放電プラズマで電離させたイオンが用いられる。スパッタリング現象を利用し高速のイオンを基板面に衝突させて，その衝撃で表面の原子をはじき出させる。はじき出した原子は再び基板上に戻らないようにエッチング条件を設定する。イオンの速度は方向性をもっているので化学的エッチングとは異なり，削り取られた面は異方性をもつ。利点としては，マスクのパターンにしたがって彫りの深い加工が可能になることである。しかし，化学的エッチングに比較して，物理的エッチングは反応の選択性が低く，また，衝突させるイオンのエネルギーが大きすぎると基板やマスクに損傷を与えるおそれがあるため，条件の設定には注意が必要である。

---

## コラム 6

## 木からエレクトロニクス部品を作る

21世紀になって，地球環境にやさしい製品の開発が求められている。空き缶やプラスチックなどをリサイクルする動きが活発である。新聞紙や本のリサイクルは以前から行なわれているが，古い家屋を壊した建材や家具などの廃木利用も考えられている。廃木を細かくチップ状に砕いて，これに熱硬化性樹脂を含浸させて成形し，高温の真空炉で焼き固めると"ウッドセラミックス"ができる。ウッドセラミックスとは青森県工業試験場で開発された新材料である。

ウッドセラミックスはいろいろな特徴をもっており，電磁波のシールド材，電気ヒータ材料，摩擦材料，クラフト材料など広い応用が考えられている。なかでも，セラミックスなのに導電性をもっていることと，焼き上げた後でも木がもつ多孔質性（電子顕微鏡写真参照）を失っていないこと

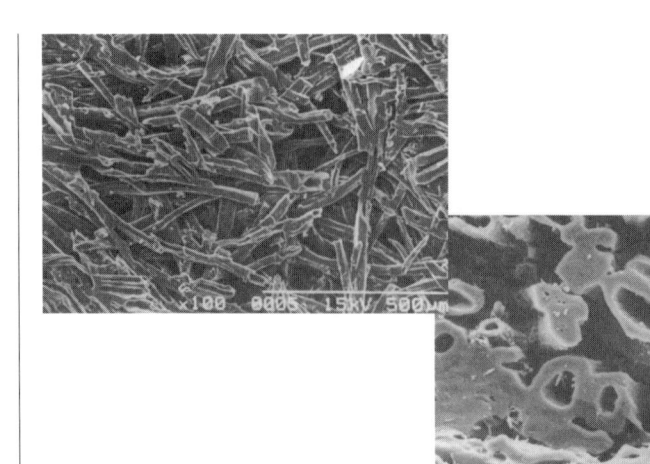

「ウッドセラミックス」（内田老鶴圃）より

が大きな特徴である。

　木であったとき水分や栄養分を運んだ小さな孔は，セラミックスになっても水分を含むことができ，湿度によって電気抵抗が変化する。もちろん，温度によっても電気抵抗が変化するので湿度センサと温度センサを作ることができる。

　また，スパッタリング装置で，ウッドセラミックスをターゲットにしてガラスやアルミナなどの基板上に薄膜を作ると，ターゲットの特性や基板温度などの条件によって，薄膜の電気抵抗を導体から半導体，さらには絶縁体まで，広い範囲で変化させることが可能になる。導体として用いれば集積回路の配線や電磁波のシールド膜に，絶縁体として用いれば半導体などの絶縁層への利用も考えられる。また，この特性を用いて，超小型の温度センサ，湿度センサの作製が可能になる。

　さらに，ウッドセラミックスを焼き上げるときの煙からは木酢液という酢ができる。これは土壌改良材や除草材として用いられている。廃木から半導体やセンサなどのエレクトロニクス部品を作り，その煙で土壌を改良する，ほんとうに地球にやさしいエコマテリアルである。

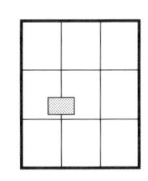

## 5.2 プラズマディスプレイ

プラズマディスプレイ（PDP）は希薄な気体のプラズマ放電による行・列マトリクス状電極の交点での発光を利用して文字や数字などを表示する表示デバイスである。プラズマディスプレイは，第3章で説明したグロー放電の発光メカニズムを利用している。グロー放電の発光のうちPDPで利用するのは陽光柱の部分と負グローの部分である。プラズマディスプレイの放電セルは蛍光灯を限りなく小さくした微小蛍光灯と考えればよい。図5.5に陽光柱の発光を利用した放電セル構造の一部を示す。図で陽極の部分を陰極に近付けていくと，負グローの長さはほとんど変わらず，陽光柱の長さのみを短くすることができる。そのため実用化されているプラズマディスプレイは，負グロー部分の発光を利用したものがほとんどである。すなわち，高輝度のままでセルピッチ

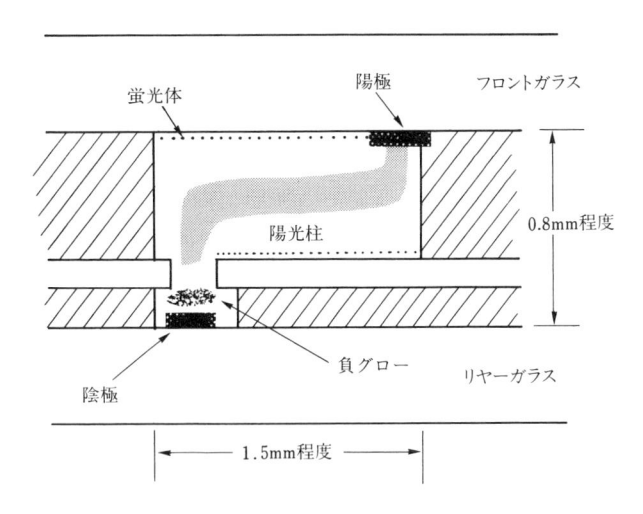

図5.5 プラズマディスプレイの放電物理

を小さくすることができるので高精細な画面作りが可能であることと放電動作電圧を低くすることができるということである。表示装置として実用化されている基本的な構造は，行電極と列電極を設けた2枚のガラス板に，その電極が交差する各交点に，セルと呼ばれる多数の小さな孔が開けられたガラスシートを挟み込んで一体化する。放電空間は約1mmで，そのセルの空間中には数十［kPa］のNeを主体とする希ガスが封入されている。プラズマディスプレイは電極が放電空間に露出した直接放電型（DC型）と電極が誘電体の層で覆われた間接放電型（AC型）に大別される。このDC，AC型とも発光色は赤橙色となる。多色カラー表示をさせるためには，放電セル部分に紫外線発光蛍光体を組み込み，放電空間にXeを主体とする希ガスを封入しその放電プラズマによる紫外線で励起発光させる。AC型では低い電圧で放電発光が維持でき，メモリ効果をもった動作を行わせることができる。DC型は構造と駆動回路が比較的簡単であり，輝度変調が容易に行える特徴がある。

　プラズマディスプレイは他のディスプレイと比較すると次のような特徴がある。

① 放電発光を利用している自発光であり，液晶ディスプレイなどに比べて輝度が大きい
② 1mm以下の放電ギャップなので液晶ディスプレイと同様にパネル型にできる
③ 紫外線発光蛍光体を利用してカラー発光ができる
④ 大画面のパネルがCRTなどと比べると比較的作りやすい

などである。しかし，消費電力が大きいので電池駆動がし難いこと，CRTに比較してカラーの発光効率が悪いこと，液晶などより駆動電圧が高いなどの欠点がある。

　これらの特徴を生かし，近年のOA機器の端末やパソコンのディスプレイならびに高品位テレビジョンへの利用が大いに注目されている。図5.6の（a），（b）にはそれぞれAC型とDC型のプラズマディスプレイ放電セル断面図を示す。

　AC型プラズマディスプレイの放電セル構造は，基板となるリヤーガラス側

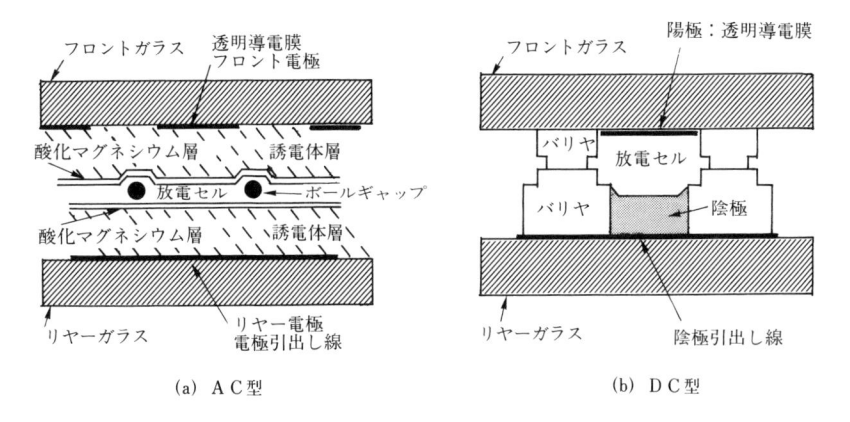

第5章◆プラズマはどのように利用されているか

(a) AC型

(b) DC型

図5.6　PDP放電セル断面図

に厚膜印刷で電極部分を印刷する．その上に 20 μm 程度の誘電体の層を印刷溶融する．さらにその上に酸化マグネシウムの層を 200 nm 程度被着させる．フロントガラス側にも同様な処理を施す．この2枚のガラスをギャップボールなどでフロントガラス側とリヤーガラス側を 150 μm 程度の適当な距離に保ち，セル内に不活性の希ガスを封入する．AC型の特徴であるメモリ機能の原理は，誘電体の表面に蓄積される電荷の状態による．ある瞬時に片方の誘電体表面に電子が，反対側の誘電体表面には正イオンが蓄積されていたとする．交番電界が印加されると電子と正イオンが入れ替わる．その瞬間に電子は放電セル内の分子，原子に衝突して新たな電子，イオンおよび励起された分子，原子などが生成される．励起された分子，原子は光を発してもとの原子，分子にもどる．したがって印加する交番電界の周波数を増せば，単位時間あたりの発光回数が多くなるのでディスプレイ画面が明るくなる．このとき蓄積電荷量が多ければ安定した電圧で放電が起こる．蓄積電荷量は外部から増減をコントロールできるので，AC型のプラズマディスプレイにはメモリ機能を付けることができる．

　DC型プラズマディスプレイの放電セルには電荷を蓄積する誘電体層がない

構造となっている。フロントガラス側には透明アノードと放電セルを隔離するバリアが設けられている。DC型のリヤーガラス側はAC型に比べて複雑な構造となっている。

## 5.3 プラズマ加工

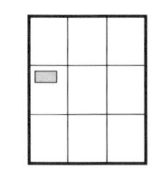

プラズマでの加工は5.1の「半導体プラズマプロセス」でも述べたように，薄膜の作製やエッチングのようなミクロな加工がある。しかし，ここではもっと熱容量が大きくてマクロな加工をする例を紹介する。アーク放電プラズマは，熱容量の非常に大きな熱源でありプラズマ自身がラジカル源である。応用の面からは作動ガスによって雰囲気が容易に選択できる特徴をもっている。

石油や石炭などの化石燃料を燃焼させても，その燃焼ガス温度はせいぜい3,000℃くらいの温度が得られるにすぎない。けれども，アーク放電プラズマを用いれば，容易にそれ以上の温度の火炎を得ることが可能になる。従来のアーク溶接のプラズマでも6,000℃以上になっている。このようなアーク放電プラズマを電極間から外部へ取り出して利用すれば，化石燃料などの火炎では処

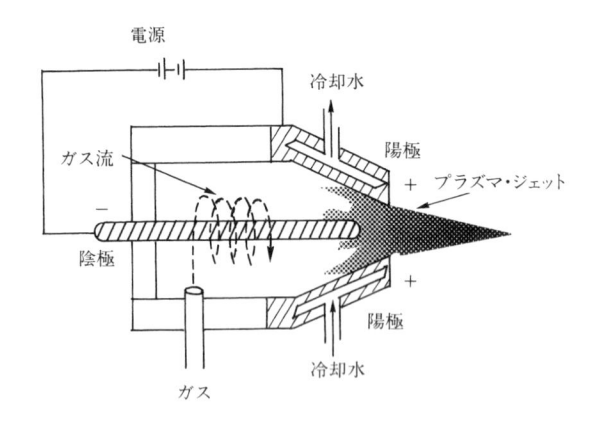

図 5.7　プラズマジェットの装置の構造

理できない3,000℃以上の難溶解性材料の加工が可能となる。このような考えから開発されたのがプラズマジェットである。

　プラズマジェットの装置の構造を図5.7に示す。図に示すように，陰極と陽極間に電圧を印加してアークプラズマを発生させる。発生したアークプラズマは，容器の内壁に沿って流れるガスに導かれ，陽極にあけられた穴を通って外部に噴出する仕組みになっている。噴出したガス流によってアークの外側が冷却されて，外側の電気伝導率が下がって電流は中心部へと集中してくる。この現象は熱的ピンチと呼ばれてアークプラズマを細く絞りトーチ状の火炎を作り出している。この原理が応用されて改良を加えられたプラズマジェットの中央部の温度は約2万度にも達している。プラズマジェットの火炎は，高温で加工性に富むツールのため，各種の諸工業の分野に広く応用されている。その代表的な応用分野を次に示す。

　（A）　物質の分解
　・プラズマ溶射
　・プラズマ切断
　・プラズマ溶接
　（B）　高温プラズマ化学反応
　・金属精錬（プラズマ還元，精錬・溶解）
　・固体金属表面処理
　・金属，セラミック微粒子製造
　・無機化合物の合成
　・結晶育成
　（C）　プラズマ高温熱分解
　・プラスチックの分解
　・石炭のガス化
　・有害物質の分解

これらのプラズマ加工の中で(1)プラズマ溶射，(2)プラズマ切断，(3)プラズマ溶接について紹介する。

（1） プラズマ溶射

プラズマ溶射とは，粉末固体状のセラミック，金属，合金などの溶融可能な溶射材料を，プラズマジェット中に注入し，その溶射材料をプラズマで加熱，加速し，固体表面に高速度で吹き付けて被膜形成する技術である。

プラズマ溶射は主にセラミック溶射に使用されている。セラミックのプラズマ溶射をすることによって，もとの材料にはない耐熱性，断熱性，耐摩耗性，電気絶縁性などにすぐれた表面被膜の新しい材料ができあがる。

（2） プラズマ切断

プラズマ切断は，高温のプラズマジェットで高い融点の材料を切断することができる。すべての金属に適用できる切断法である。特にステンレス鋼，アルミニウムやそれらの合金の切断に有効である。2～3 mm の薄板の切断から SUS（ステンレス鋼）の 150 mm 程度の厚さまで切断できる。

（3） プラズマ溶接

プラズマ溶接は，タングステン電極と母材間にアークプラズマを発生させ，そのアークプラズマを水冷ノズルとアルゴンなどの不活性ガスで細く絞って溶接の熱源にする。アークプラズマを不活性なガスで絞ると，エネルギー密度の高いプラズマを得ることができ，さらに溶接部を大気から保護しながら溶接することができるので質の高い製品が期待できる。

## 5.4 気体レーザ

レーザを実現するためには，原子あるいは分子を特定の準位へ選択的に励起させるポンピングという作業が必要になる。そのために，原子あるいは分子にいろいろな方法でエネルギーを与えなくてはならない。そのエネルギー源の一つとしてプラズマが用いられる。その中で，気体放電プラズマを励起源として利用するレーザを気体レーザという。数ある放電プラズマの中で，グロー放電プラズマがレーザの励起源としてよく用いられる。

励起源に用いるプラズマの放電形式とレーザへの適用例を以下に示す。

（1） 直流放電：

He-Ne，$CO_2$，$Ar^+$，$Kr^+$ などの気体レーザ，$He-Cd^+$，$He-Cu^+$，$He-Au^+$，$He-Ag^+$ などの金属蒸気イオンレーザ

（2） パルス放電：

XeCl，KrF，ArF などのエキシマレーザ，Ne-Cu，Ne-Au，$He-Sr^+$ などの金属蒸気レーザ

以上のように気体レーザは気体の種類や励起源の違いで多岐にわたっている。その中で He-Ne レーザ，$CO_2$ レーザ，エキシマレーザ，ホロー陰極レーザについて紹介する。

## 5.4.1　He-Ne レーザ

気体レーザで最初に開発されたレーザで，典型的な発振波長は 632.8 [nm] の赤色光である。計測用光源，光軸調整など一般のレーザ応用装置に広範囲に用いられており，長寿命で安定なレーザである。He-Ne レーザの構造は簡単であり，主な部品構成は，He と Ne の混合ガスを含んだ放電管，電源，光共振器用の鏡で構成されている。

He-Ne レーザ装置は光共振器の構造の違いから，外部鏡型と内部鏡型に大別される。

内部鏡型の He-Ne レーザの構造概略図を図 5.8 に示す。内部鏡型は光共振器の鏡が放電管の両端に直接取りつけられたもので，光共振器の構成は半球面

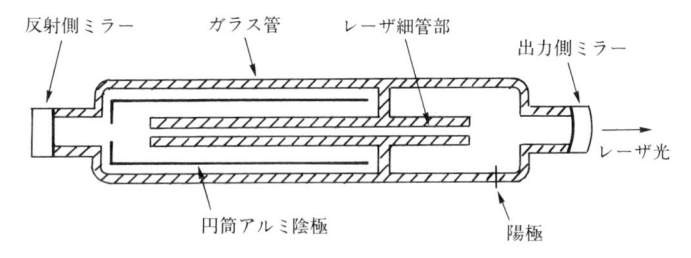

図 5.8　内部鏡型 He-Ne レーザの構造

型が多い。

　通常の He-Ne レーザ管の中には，He ガスが約 10[Pa] と Ne ガスが約 1~2[Pa] 混合されている。このままの混合ガスでは He 原子も Ne 原子もエネルギーの最も低い基底状態にある。レーザ管に直流の高電圧を印加して放電を起こすと，放電によって生成された自由電子は He 原子および Ne 原子と非弾性衝突をする。この衝突により He 原子と Ne 原子はエネルギーの高い励起準位に多数励起される。ガス圧の高い，すなわち原子密度の高い He 原子は $2^1$S, $2^3$S 準安定準位に多数励起される。これら寿命の長い準安定状態にある原子は Ne 原子と衝突して内部エネルギーを Ne 原子に与え励起状態の Ne3s および 2s 準位の原子を選択的に生成する。エネルギーを与えた He 準安定原子は基底状態に戻る。このような原子の衝突過程をエネルギー移行反応と呼んでいる。図 5.9 に He-Ne レーザのエネルギー準位図を示す。

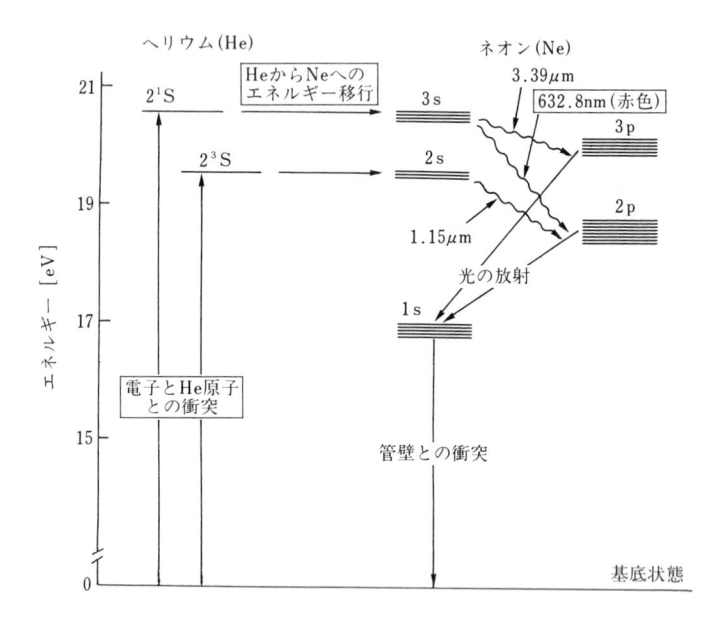

図 5.9　He-Ne レーザのエネルギー準位図

反応式で書くと

$$\text{He}^m(2^1\text{S}, 2^3\text{S}) + \text{Ne} \rightarrow \text{He} + \text{Ne}^*(2\text{s}, 3\text{s})$$

になる。ここで $\text{He}^m$ は He 準安定原子を，$\text{Ne}^*$ は Ne の励起状態の原子を表す。

一方，Ne の 3p および 2p 準位の励起原子は電子との衝突で励起されるが，この励起原子は光を放出して 1s 準位に遷移する。1s 準位は Ne の準安定準位であるが 1s 準位にたまった原子はレーザ管の管壁に衝突して，すみやかに破壊される。そこで Ne の 3s と 2p 準位間に反転分布状態が発生し，632.8[nm]（$3\text{s}_2\text{-}2\text{p}_4$）のレーザ発振が起こる。

### 5.4.2　$CO_2$ レーザ

$CO_2$ レーザは高出力・高効率のレーザである。レーザ出力は 1 W 程度から 30 kW に達する。量子効率（励起に要するエネルギー対レーザ出力のエネルギー比率）は 30%程度で非常に高い。He-Ne レーザでは 0.001～0.1%，Ar レーザでは 0.01～0.1%程度である。図 5.10 に内部鏡型の $CO_2$ レーザ管の構造を示す。放電管の軸方向にレーザガスを高速で流し，両端に設置してある電極間に直流放電を発生させる。

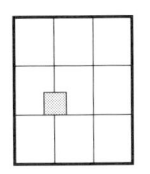

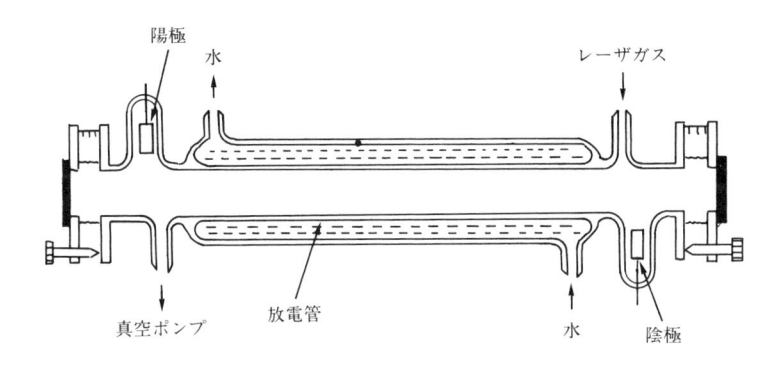

図 5.10　内部鏡型の$CO_2$レーザ管の構造

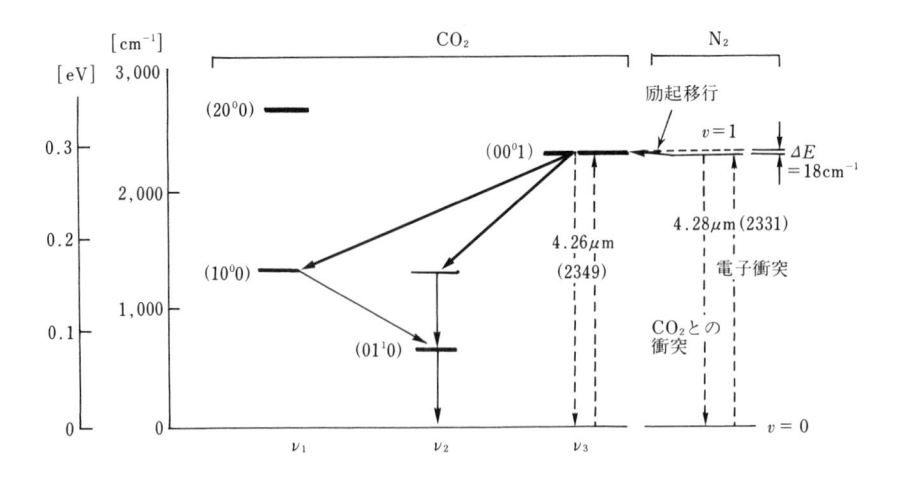

図 5.11 CO₂レーザのエネルギー準位図

　放電による電子衝突によって $N_2$ 分子は基底状態 ($v=0$) から ($v=1$) の準安定状態に励起される。これを反応式で書くと，

$$N_2(v=0)+e^- \rightarrow N_2(v=1)+e^-$$

になる。図 5.11 に $CO_2$ レーザのエネルギー準位図を示す。$N_2(v=1)$ 準位と $CO_2(00^01)$ 準位のエネルギーの差は $18[cm^{-1}]$ であり次のようなエネルギー移行過程により $CO_2(00^01)$ 準位に選択的に励起される。

$$N_2(v=1)+CO_2 \rightarrow N_2(v=0)+CO_2(00^01)$$

　He ガスは平均自由行程が長く熱エネルギーをレーザ管壁へ拡散させガス温度を下げる効果がある。また，放電安定化のバッファガスの役割も果たしている。発振波長は赤外で $10.6\ \mu m$ と $9.6\ \mu m$ を中心にして分子の回転準位間で多数発振する。簡単な装置でも 100 W 程度の連続出力が得られるが，加工用のレーザでは 20 kW を超えるものもある。また，$CO_2$ レーザはパルス発振させることによって，その出力波高値を 10〜100 倍程度に上昇させることが可能である。

## コラム7

# 白色レーザ

　レーザ光といえばHe-Neレーザの赤色とArイオンレーザの青色しか知らないという人が多い。

　光の3原色は赤，緑，青であるから，これらのレーザ光を同時発振させればレーザ出力光は白色になるはずである。たまたまCd IIのスペクトル線の中には441.6 nm（青），533.7, 537.8 nm（緑），635.5, 636.0 nm（赤）があり，これらの波長は光の3原色にほぼ近い。これらのスペクトル線はHe-Cdホロー陰極放電で励起することによって同時発振が起こり，出力光はきれいな白色になっている。

　図1に白色レーザの"色度図"上での色再現可能領域を示したが，カラーテレビより色再現領域が広くなっている。

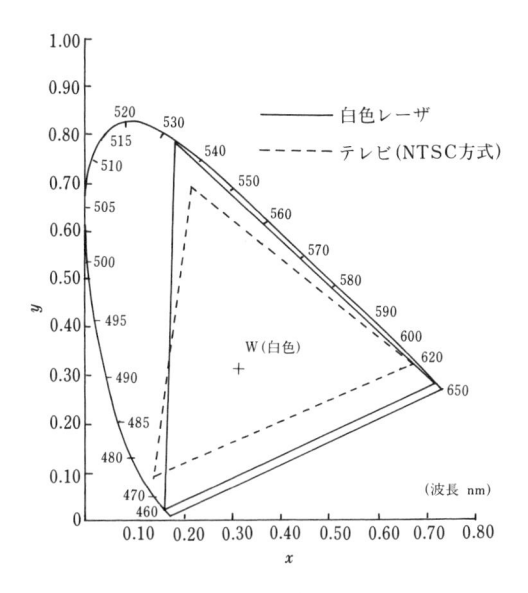

色度図

### 5.4.3 エキシマレーザ

エキシマレーザは，紫外域において最も強力な発振が得られるパルスレーザである。エキシマとは，電子励起状態でのみ安定に結合している分子のことである。希ガス-ハロゲン（希ガスハライド）エキシマレーザは，放電励起でも高効率動作が可能で高出力化も進んでいる。エキシマの種類は，希ガス-希ガス（$Xe_2$，$Ar_2$等），希ガス-酸素（ArO，XeO等），水銀-ハロゲン（HgCl，HgBr等），多原子（$Kr_2F$，$Xe_2Cl$等）と多数あるが，高効率動作が可能な希ガスハライドエキシマレーザが最も多く研究されている。表5.2に代表的な希ガスハライドエキシマレーザの種類と波長を示す。

希ガスハライドエキシマレーザは高効率動作が可能であるが，エキシマの自然放出寿命が10 ns以下で，赤外の$CO_2$レーザなどと比較した場合桁違いに短い。このため短時間に大電力を投入できる高度な励起技術が必要となり，大強度の電子ビームや立ち上がりの速いパルス放電が用いられている。エキシマの生成過程は基底状態や準安定な励起状態にある中性原子，さらに種々のイオンが関与し極めて複雑である。また，励起法や動作条件によっても大きく異なる。

エキシマの励起法としては，電子ビーム励起と放電励起がある。電子ビーム励起は大体積レーザ媒質の高密度励起が可能なことから，数100［J］以上の出

表5.2 代表的な希ガスハライドエキシマレーザの種類と波長

| 希ガス | ハロゲン 遷移 | F | Cl |
|---|---|---|---|
| Ar | B → X | ArF (193 nm) | ArCl (175 nm) |
|    | C → A | —            | —            |
| Kr | B → X | KrF (248 nm) | KrCl (222 nm) |
|    | C → A | KrF (275 nm) | KrCl (240 nm) |
| Xe | B → X | XeF (351 nm) | XeCl (308 nm) |
|    | C → A | XeF (460 nm) | XeCl (345 nm) |

力エネルギーを得ることも可能である．内部効率（蓄積エネルギーに対する出力エネルギーの比）は KrF レーザで ~10%，XeCl レーザで ~5%程度が得られている．出力エネルギーは，励起パルス幅を長くすることにより増大させることができる．ただし，電子ビーム透過窓の加熱の問題などにより，繰り返し動作は困難で通常は単パルス発振である．高繰り返し動作が可能な放電励起型発振器の開発が進められている．高繰り返し動作のためのスイッチとして主にサイラトロンが用いられているが，長寿命，大電流動作可能な磁気パルス圧縮回路の利用も進められている．

希ガスハライドレーザに関しては，KrF レーザで平均出力 100 W，繰り返し数 200 Hz 程度のものが市販されるようになっている．レーザガスを交換することにより，同じ発振器で XeCl，ArF レーザなどの動作も可能である．このような繰り返し動作の場合，ガスの劣化や加熱が生ずるので $CO_2$ レーザなどと同様にガスを高速で循環させる方式がとられる．

### 5.4.4 ホロー陰極レーザ

直流グロー放電プラズマの発光部で，レーザに用いられるのは陽光柱と負グローである．陽光柱は負グローに比較して電界方向に均質なプラズマなので取り扱いが容易である．

負グローは空間的に複雑な特性をもっているが，負グロープラズマから放出される発光スペクトルは強度が強くスペクトル線の数も多い．特に，陰極暗部に近い部分では電子ビーム的な性質をもっているので，レーザ用励起源として利用するのに適している．ここでは負グロープラズマを用いた気体レーザのホロー陰極放電形金属蒸気レーザについて説明する．

レーザ装置の構成は，レーザ物質，光共振器，励起用電源装置，レーザ管内を排気する真空装置などである．金属蒸気を有効に閉じ込めるため円筒状のホロー陰極を用いる．このようなホロー陰極放電をレーザ励起源として利用する最大の利点は，グロー放電の陽光柱を用いる一般の気体レーザと比較して，高エネルギー電子が多数生成され高励起が可能になることである．

He-Cd ホロー陰極レーザ管の概略構成を図 5.12 に示す．

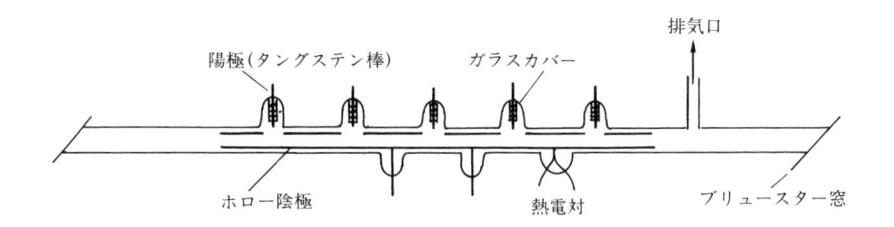

図5.12 ホロー陰極レーザ管の概略構成

　内径4～6 mm，長さ40～60 cm程度の銅またはステンレス製パイプをホロー陰極として，側面に適当な間隔で3～4 mm$\phi$の小穴をあける。それと対向する位置に，1～2 mm径のタングステン製の陽極を並べた構造になっている。これらの電極がパイレックス製のガラス管の中に封入されている。レーザ管の両端面にはレーザ光を取り出すためのブリュースター窓が取りつけてある。
　レーザ発振を得るためのCdの蒸気圧は放電の熱作用より得られる。レーザ発振に最適な放電条件は発振波長により異なるが，このホロー陰極レーザ管では，陰極温度250～280℃で，Heの封入圧力は1,400～1,500[Pa]付近である。
　He-Cdホロー陰極レーザ管では，波長636 nm（赤色），538 nm（緑色），442 nm（青色）の3原色のレーザ発振を得ることができる。これらの波長の中で，538 nmの緑色の波長は，利得も高く比較的容易にレーザ発振が得られる。
　もう一つの例は可視の限界波長に近く，利得が極めて高い759 nm（暗赤色）のレーザ発振が得られるHe-Znホロー陰極レーザ管について説明する。図5.13に小型He-Znホロー陰極レーザ管の概略構造を示す。
　電極構造は，放電用の小孔を上側面5個あけた長さ13 cmの4～6 mm$\phi$の銅パイプをホロー陰極としたもので，ホロー陰極の外面と陽極パイプの内面の間隔を1 mmにした同軸構造である。この間隔を1 mm以下にする理由は，

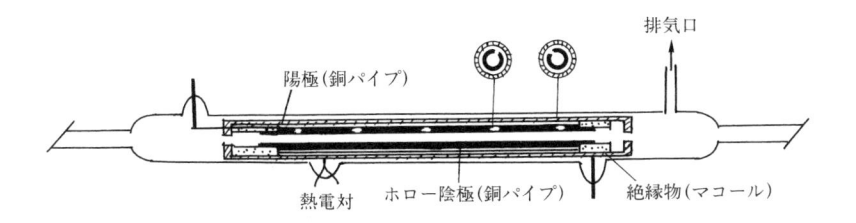

図5.13 小型He-Znホロー陰極レーザ管の概略構造

このスペースで放電を起こさせないようにするためである。一般の常識からすると，電極間隔を狭めれば狭めるほど放電は起こり易くなると思われるが，ある程度以下に電極間隔を狭めると逆に放電が起こりにくくなる。これは阻止放電と呼ばれている。この同軸形ホロー陰極レーザ管には阻止放電を利用した設計がなされている。レーザ管の陰極と陽極間に電圧を印加して放電を起こすと，ホロー陰極パイプの内側だけに強い発光が起こり，ホロー陰極の外側には放電は発生しない。Heの圧力を約 $1,300 \sim 1,400$ [Pa] 程度封入し，直流電源で励起して陽極温度を $360 \sim 400$ ℃まで上昇させるとレーザ発振に必要な Zn 蒸気圧に達し，長時間安定した暗赤色のレーザ発振が得られる。なお，He-Zn ホロー陰極レーザでは 492 nm（青色）のレーザ発振も比較的簡単に得ることができるが，ホロー陰極長を $40 \sim 80$ cm と長くする必要がある。

## 5.5 プラズマスイッチ

代表的なプラズマスイッチにサイラトロン，クロサトロン，イグナイトロン，スパークギャップ，開放スイッチなどがある。スイッチという観点からプラズマの高い導電性を見た場合，プラズマ化していない中性気体（あるいは液体，固体）は絶縁体であり，プラズマは良導体になっている。つまり，導体と絶縁体の違いであるといえる。この性質を利用すれば電気的に"開放（気体）"の状態から"導通（プラズマ）"の状態をつくることができる。あらゆる物質

はプラズマの状態である時とそうでないときとで，いわゆるスイッチ機能をもっていることになる。この機能を利用したパワースイッチがプラズマスイッチである。

　プラズマスイッチは大電力を高速でスイッチング制御する場で活躍が期待されている。技術的に困難な点は，プラズマ化して導通状態にあるスイッチ素子を，プラズマを消滅させて開放状態にすることである。スイッチの開放時の絶縁には，空気，真空，$SF_6$ガスなどの気体や絶縁油，純水などの液体を用いることが多い。第3章3.3で述べたように，気体ではその絶縁破壊電圧と$Pd$値（圧力と電極間隔の積）は密接な関係がありパッシェンカーブで示される。破壊電圧の最小値はパッシェンカーブの最小値となるので，その点を導通させるときの動作点に設定するのが最適とも考えられるが，開放時の絶縁回復のためにはこの点では都合が悪いことになる。特にスイッチの開放状態では絶縁破壊電圧の高いことが要求されるので，パッシェンカーブの最小値を除く左右両側の領域が利用される。サイラトロンは低圧側（グロー放電のモード），スパークギャップなどは高圧側（アーク放電のモード）の領域で動作するように設計される。図5.14にサイラトロンの構造の概略図を示す。

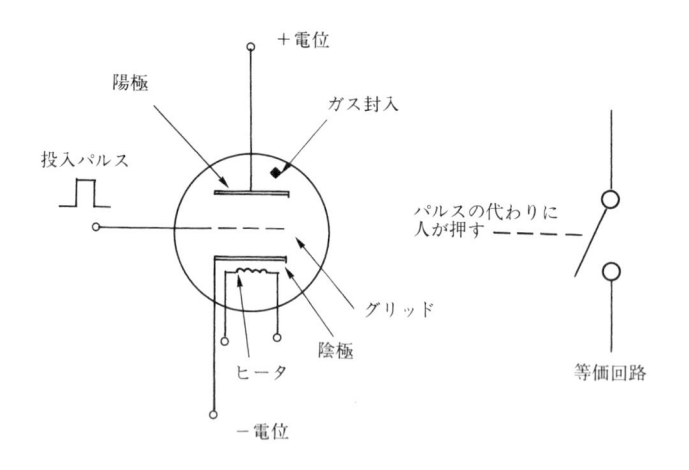

図5.14　サイラトロンの構造

## 5.5.1　サイラトロン

サイラトロンは最も代表的な投入スイッチである。基本構造は三極管で，陰極と陰極加熱用のヒータ，陽極，制御用のグリッドで構成されており，内部には数百 Pa 以下の低圧の水素ガスなどを封入する。陽極が正電位，陰極が負電位（または接地）の状態で，投入のため陰極に対して制御グリッドに，正パルスを与え開放状態から導通状態へと導く。サイラトロンは高繰り返し動作が可能でスイッチとしての回復時間が短く長寿命である。

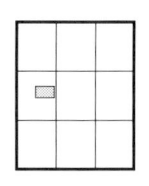

## 5.5.2　クロサトロン

クロサトロン（Crossatron）はアメリカの Harvy と Schumacher の両氏によって開発された高効率で長寿命のプラズマスイッチである。図 5.15 にクロサトロンの構造概略図を示す。

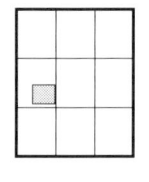

同軸形で外側が陰極，内側が陽極の電極配置であり，約 5[Pa] の低圧ガスが封入してある四極管構造である。サイラトロンと違ってクロサトロンは陰極を加熱しない冷陰極管である。陰極の近傍には磁極を交互に配置した永久磁石

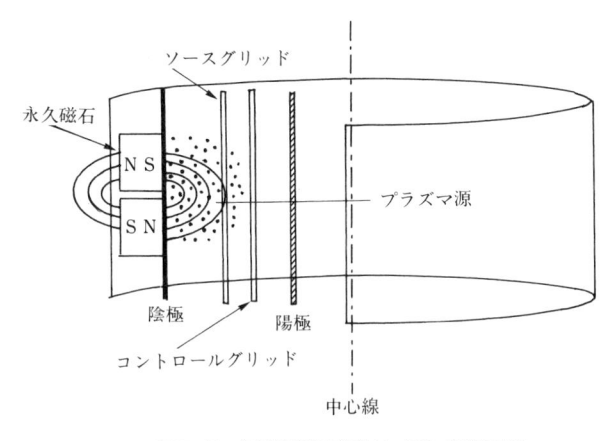

図 5.15　同軸構造クロサトロンの断面図

が取りつけられている。陰極とソースグリッドの間では常にグロー放電プラズマが生成される。制御グリッドに正の電圧を印加してスイッチとして導通状態に導く。逆に開放状態にするには制御グリッドへ負電圧を印加する。このとき電子は制御グリッドに捕捉されて，陰極と陽極間のグロー放電が停止してスイッチとしての開放状態になる。したがって，スイッチング動作で必要な"投入"と"開放"の両方に利用できる。電流上昇率は約 $5\times10^{10}$ [A/s] でありサイラトロンと同程度であるが，電極間の絶縁回復時間が $1\,\mu$s 以下と短いので高繰り返しスイッチング回路に適用できる。

### 5.5.3 イグナイトロン

イグナイトロンは大きい電荷（数クーロン）のスイッチングができる高信頼性の単発動作スイッチである。図 5.16 にイグナイトロンの構造概略図を示す。

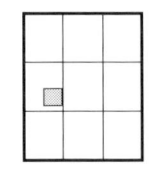

低圧のガス容器中に水銀だめが設けてあり，この水銀が陰極の働きを兼ねている。グラファイト製のイグナイタにトリガ電圧が印加されると，陰極との間

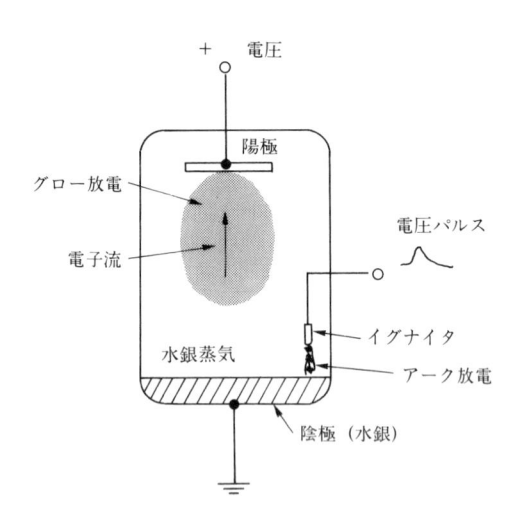

図 5.16　イグナイトロンの概略構造

でアーク放電が始まり，プラズマが生成される。そのプラズマの電子が陽極へと加速されアバランシェ電離を起こすことによってグロー放電が生ずる。電流上昇率は $5 \times 10^5 [\mathrm{A/s}]$ 程度で小さいがスイッチできるクーロン数が大きいので磁界発生用の大容量キャパシタバンクの投入スイッチなどに適している。

## 5.5.4 スパークギャップスイッチ

スパークギャップスイッチは，アーク放電を利用したプラズマ投入スイッチの一つである。スパークギャップの構造はいたって簡単で，一対の金属電極が絶縁体を介して配置されている。図5.17に光トリガ付きの半球対ギャップスイッチの構造概略図を示す。

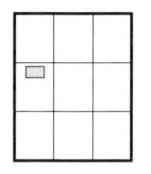

絶縁体には通常，窒素，空気，炭酸ガス，$SF_6$ などが利用されるが，水，絶縁油のような液体，マイラ，ポリエチレンなどの固体も使用される。一般には，このスイッチの動作領域はパッシェンカーブの最小値の高圧力側で設計されている。気体を利用した場合には圧力 $P$ と電極間距離 $d$ の積で気体の絶縁破壊電圧が決まるので，スイッチの動作条件範囲を広くとることができる。電極の形状には半球対やレール対がある。スパークギャップには自爆形とトリガ形がある。自爆形はスイッチ電圧（投入電圧）を気体圧力で調整して用いる。トリガ形はギャップの自爆電圧の 50〜95% 以下で充電された回路を，トリガ

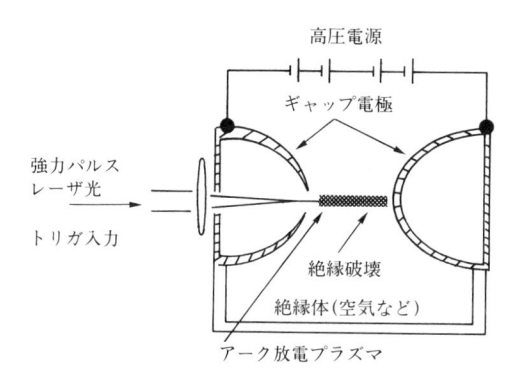

図5.17 光トリガ付き半球ギャップスイッチ

することによってスイッチ投入する．トリガの役割をするものに電気パルス，レーザ光パルス，電子ビームなどがある．レーザ光を用いると，スパークギャップの電極間に直接光電離プラズマが発生するので，スイッチは導通状態となりタイムジッタの非常に小さな投入動作が行われる．また，レーザ光トリガの特徴として，光を用いているため電気的雑音の影響がほとんどないことである．電流上昇率が $10^{13} \sim 10^{14} [A/s]$ と大きく導通時間の短いスイッチである．ただし，アーク放電を利用しているため，電極の寿命が短く劣化によって性能が低下する問題がある．

## コラム 8

## 放電プラズマでダイヤを作る

従来，人工ダイヤはたいへんな高温高圧下でなければ作ることができなかった．しかし，最近ではプラズマによってダイヤを作ることができる．

放電プラズマによってダイヤを作るには，放電管の片側の電極に接して石英ガラスかシリコンの基板を入れておき，放電管を真空に排気した後，水素ガス99％（Arガスを少量混ぜる場合もある），メタンガス1％の混合ガスを封入して放電プラズマを発生させる．ダイヤは基板面上に成長するが，基板があまり滑らかだとダイヤの核ができにくい．そのため，基板表面をわざと粗く加工しておく．粗くても表面は汚れていない状態でないとよいダイヤはできないので薬液で表面をきれいにしておく．

放電プラズマで生成するラジカル同士の反応がさらに促進されるように，基板をヒータで700〜900℃の高温に加熱する．プラズマ放電が進むにつれて基板上にダイヤの小さな核ができ，その核を中心にしてダイヤの小さな小さな結晶が多数でき，それらがしだいに成長してダイヤの薄膜ができる．ダイヤモンドといっても指輪やブローチが作れる大きさを考えてはいけない．顕微鏡で観てやっと確認できるような大きさだ．しかし，これでも立派なダイヤなのである．

# 5.6 核融合

## 5.6.1 自然の核融合炉—太陽—

太陽は巨大なプラズマのかたまりである。その半径は $6.96\times10^5$ [km]，質量は $1.99\times10^{33}$ [g] であり，平均密度は 1.41 [g/cm$^3$] である。この巨大な質量を支えるため，太陽の中心部は非常に高温かつ高密度になる。予想されている値は，中心部の密度が 156 [g/cm$^3$]，温度が 1,550万 [K] である。

このような条件下では熱核融合反応が可能であり，太陽からの放射エネルギーは，この自然の核融合炉によって供給されている。太陽中心部で起こっている主要な核融合反応は "p-p 反応" と呼ばれるもので，複雑な過程を経るが，最終的には 4 個の水素原子（H）が 1 個のヘリウム原子（He）に変わる際に膨大なエネルギーを放出するものである。(質量欠損を $\Delta m$ としたとき，$E=\Delta mc^2$：$c$ は光速度。) つまり，式で書くと，

$$4\text{H}+\text{e}^-\rightarrow {}^4\text{He}+\text{e}^++26.72\,[\text{MeV}]$$

となる。ここで，e$^-$，e$^+$ は電子および陽電子を表している。この反応により，4 個の水素原子を消費して 1 個のヘリウムと 26.72 [MeV] のエネルギーが発生する。1 [MeV]＝$1.6021\times10^{-13}$ [J] であるので，

$$26.72\,[\text{MeV}]=4.28\times10^{-12}\,[\text{J}]$$

となる。このエネルギーは 1g の水素に換算すると（1g の水素には，$6.025\times10^{23}$ 個の水素原子が含まれる），

$$6.025\times10^{23}\times(1/4)\times4.28\times10^{-12}=6.43\times10^{11}\,[\text{J}]$$

となる。1g の石炭の発熱量は 7,500 カロリーであり，1 [cal]＝4.19 [J] であるので，1g の水素から出るエネルギーは

$$(6.43\times10^{11}\div4.19)\div7500\approx2\times10^7\,[\text{g}]=20\,[\text{t}]$$

である。したがって，約 20 トンの石炭の発熱量に相当するのである。

太陽中心での熱核融合反応が，いかに効率よくエネルギーを作り出している

かが分かる。

## 5.6.2　人工核融合

プラズマの応用の中で，最も規模が大きく高度な技術といえば核融合であろう。核融合を実現するためいろいろな核融合炉の方式が試みられているが，現在における代表的な方式は磁場閉じ込め方式であろう。核融合で取り扱うプラズマの温度は，数千万℃～数億℃以上の超高温プラズマを対象とする。このような非常に高温なプラズマは，この地球上にあるどのような金属も融かしてしまうので，プラズマを閉じ込めておく容器を金属で作ることができない。しかし，核融合で対象とするようなプラズマは完全電離しているプラズマなので，プラズマを構成している荷電粒子は磁力線のまわりに拘束されて運動する性質をもっている。そのため強力な電磁石で作り出した強い磁場の空間にプラズマを閉じ込めてプラズマを制御する方法がとられる。プラズマを磁場で閉じ込め，その外側を真空の薄い層で覆い，さらに金属の容器（たとえば融点の高いタングステンなど）で覆うようにする。現在の熱核融合といわれる研究の主流は，この磁場によってプラズマを閉じ込める磁場閉じ込め方式である。核融合炉の燃料には重水素（D），三重水素（T：トリチウム）をプラズマ状態にして磁場の空間に閉じ込めておき，このプラズマにさらに大きなエネルギーを加えて原子核同士を融合させる。この核融合反応を多く起こさせることができれば，加えたエネルギーよりもはるかに大きい核融合反応時に発生するエネルギーを得ることができる。核融合反応は水素のように軽い原子核がヘリウムなどの質量の重い原子核に変換する過程で生成されるエネルギーを利用するものである。重水素（D）と三重水素（T）の反応式は次のように表される。

$$D+T \rightarrow He+n+17.6\,[MeV]$$

ここでnは中性子（neutron）である。

　この反応式の意味は図5.18に示すように，DとTの核融合反応の結果Heと中性子が生じ，17.6[MeV]の反応エネルギーが粒子の運動エネルギーとして放出されるということである。

　この反応を核融合炉で実現し，核融合炉からエネルギーを取り出すには，ま

第5章◆プラズマはどのように利用されているか

```
   D         T              He          n
  (+)  +   (+)      →      (+ +)   +   ( )    + 17.6 [MeV]
       ( )      ( )          ( )
  重水素    三重水素           ヘリウム     中性子
           トリチウム

              (+) :陽子        ( ) :中性子
```

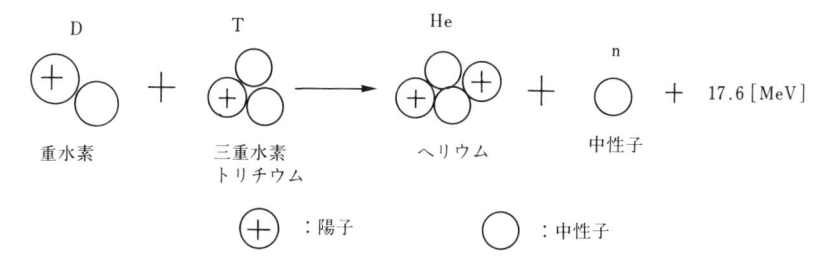

**図 5.18** 核融合反応

ずローソン条件を満足するようなプラズマを人工的に炉の中で作り出さなければならない。このローソン条件とはプラズマ密度閉じ込め時間積 $n_p\tau=1.0\times 10^{20}$[個・s/m$^3$] で，かつ温度1億度（プラズマ温度で 10 [keV]）以上にすることである。ここで $n_p$ はプラズマ密度，$\tau$ は核融合炉の中でのプラズマ閉じ込め時間である。このようなプラズマの条件である温度，密度は直感的につかみ難いと思われるが，蛍光灯の中のプラズマ温度が数千度（約 0.5 eV）で $n_p=10^{16}\sim 10^{17}$[個/m$^3$] 程度であることを基準に比較してみれば，いかに高温で高密度のプラズマであることが想像できよう。核融合炉の燃料である重水は海水の中に 1/6000 程度含まれている。核融合が実現すれば，膨大な海水の量からみて人類はエネルギーの枯渇を心配する必要は無くなるであろう。核融合炉で実現しようとしている核融合反応は，太陽の中心部で起こっていて宇宙に膨大なエネルギーを放出している。地球にこのミニ太陽を作ろうと研究者は日夜努力を重ねているが，実用化にはまだ時間がかかりそうである。

　図 5.19 は核融合のトカマクや逆磁場ピンチ装置で用いられているトロイダル放電の原理図である。プラズマがちょうど変圧器における2次側の負荷に相当する。1次側につながれたコンデンサバンクの電源からエネルギーが供給される。真空容器の放電管の容器内にはあらかじめ電子銃などによる初期電子（$10^{14}\sim 10^{15}$ [m$^{-3}$]）または ECR による初期プラズマを作っておくと効率的に

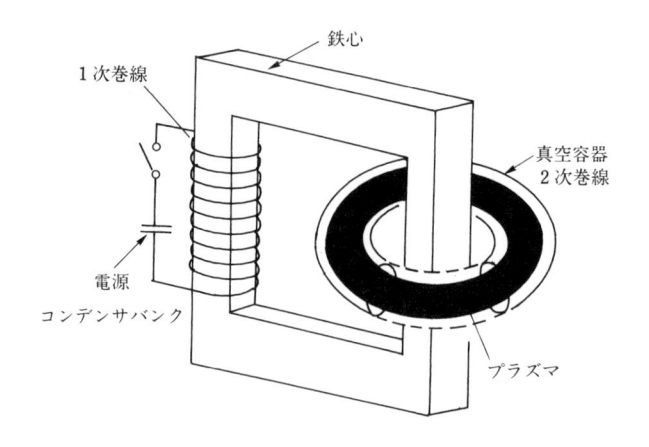

図 5.19 トロイダル放電の原理図

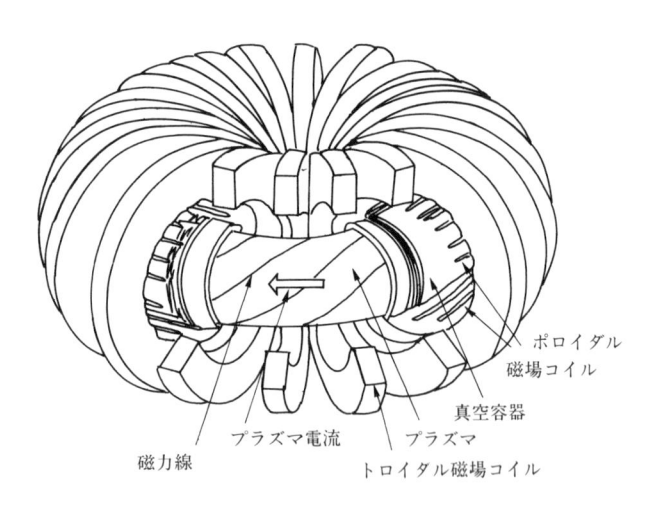

図 5.20 トカマク型核融合実験装置

トロイダルプラズマの生成が可能となる。プラズマが容器壁に触れないように，磁力線が織りなすトーラス状の安定な磁気面を用いてプラズマを閉じ込め，高温（100[eV]〜1[keV]），高密度（〜$10^{20}$ [m$^{-3}$]）のプラズマが得られるようにする。現在開発中の核融合装置の中で，トカマク型装置は核融合プラズマを得ることにおいて顕著な成果を上げている。この装置によって放電電流100[kA] 程度で，プラズマ密度 $10^{19}$〜$10^{20}$ [個/m$^3$]，電子温度 数[keV]，閉じ込め時間 数十[ms] 以上の結果が得られている。図5.20にトカマク型核融合実験装置の概略構造図を示す。

## コラム8

## 常温核融合論争

"試験管の中で核融合が起こっている"とフライシュマン＆ポンズによって論文が発表されて以来，世界中の核融合研究者は大パニック状態になった。それが事実なら，たぶん人類が手にする最も偉大なエネルギー源だ。図に示すような試験管の装置が一つあれば，家庭や工場に必要なエネ

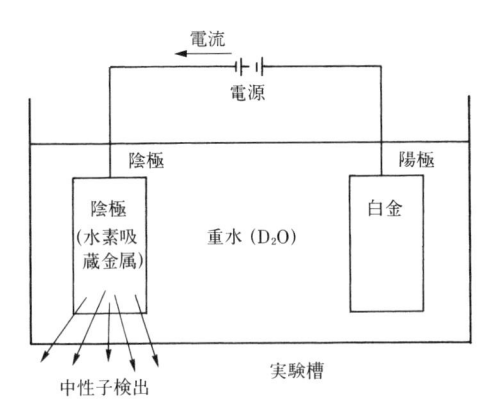

ルギー（電気，ガス，暖房，冷房など）なんてすべてまかなえることになる。電力会社，ガス会社，石油会社なんてすべていらなくなる。「地球にミニ太陽を」という大きな目標の下に，莫大な経費と時間を費やして研究を重ねてきた核融合への努力は無駄であったのだろうか。

　報告された内容は次のようなものである。図に示すように，装置は至って簡単で，ガラスなどの試験槽に重水を満たし，陰極にはパラジウムあるいはチタンのような水素吸蔵金属，陽極には白金を用いて直流電源を接続したものである。つまり，重水の電気分解実験である。報告によると，このような実験装置で小さな電流（１Ａ以下）を長時間流し続けて，陰極での中性子の発生を観測していた。あるとき，多量の中性子の発生とともに，電極が溶融し，水槽が壊れ，実験室の床に大きな穴があくほどのエネルギーが発生したという。

　このような莫大なエネルギーの発生は核融合でしか起こり得ない。世界の研究者たちがこぞって追実験を行なった。しかし，一部のグループのみが成功しただけでまったく再現性がない。そのため，一部の関係者たちの売名行為あるいは詐欺行為とジャーナリストに叩かれることになった。

　もし，このような装置で常温核融合が起こり得るとすれば，どのような理論的根拠があるのだろうか。そのシナリオの一つに次のようなものがある。重水の電気分解によって生じた重水素原子が，陰極の水素吸蔵金属にどんどん吸収されて入り込む。長時間に発生した多量の重水素原子は，非常な高密度で金属格子の隙間に入り，金属内の遮蔽効果でトンネル効果を通じて核融合を起したのではないかというものである。真実は分からないが，このような理論で核融合が起こったならば，もっと再現性があってもよいのではないだろうか。地球エネルギーが枯渇する時代，常温核融合が真実であって欲しい気持ちと，嘘ではないかとの不安が混在する。常温核融合論争は尽きない。

## 5.7 MHD発電

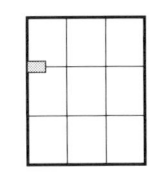

　高温の燃焼プラズマは導電性を有するガスである。このような導電性を有するガス流体が磁界を横切って流れたとき，フレミングの右手の法則に従って起電力が発生する。この発生した電界に相対して電極を設置する。その電極間へ負荷をつなげることによって電力を取り出すことができる。すなわち，発電器ができる。高温のガスは，石炭や石油などの燃焼ガスを用いて，温度 2,000～3,000℃，流速1 km/s 程度のものが利用されている。このような発電は MHD（Magneto-Hydro-Dynamic）発電と呼ばれ，熱エネルギーを直接電気エネルギーに変換する直接発電の一つである。

　MHD発電の方式にはファラデー型とホール型とに大別される。MHD発電器は，従来の発電機のような回転損失や機械的な損失はないが，MHD発電器そのものの発電効率が20%前後と良くない。しかし，MHD発電の排ガスは，電力を取り出した後も非常に高温なので，その排ガスをタービン発電機に利用して複合型の発電システムや作動流体を循環させる閉じたシステム（クローズドサイクル）で高い総合効率を得るように工夫されている。図5.21の(a)と(b)にMHD発電器のファラデー型とホール型の概念構造図を示す。

　ファラデー型は，$X$軸に並行に配置された両電極に挟まれたチャネルにプラズマを速度 $u$ で流し，$Z$ 軸方向に磁界 $B$ を印加すると，$Y$ 軸に $-uB$ の電界が発生する。電極間隔を $d$ とすると，内部の電圧降下がない場合すなわち無負荷時には，$-uBd$ の開放電圧が発生する。負荷が接続されると，ガス流体中にも電流が流れ，電池と同様に内部抵抗を持ち電極間の電圧が低下する。発電効率を考えると，ガス流体の電気伝導度は高いほどよいことになる。燃焼プラズマの温度が高ければ高いほど電気伝導度は高くなるので，内部抵抗は小さくなり損失が小さくなる。しかし，化石燃料などの燃焼プラズマでは温度の上昇に限度があることと，MHD発電チャネルの容器が耐えられる温度にも限界があるなどの問題がある。そのために，ガス流体に電離しやすい元素（K，

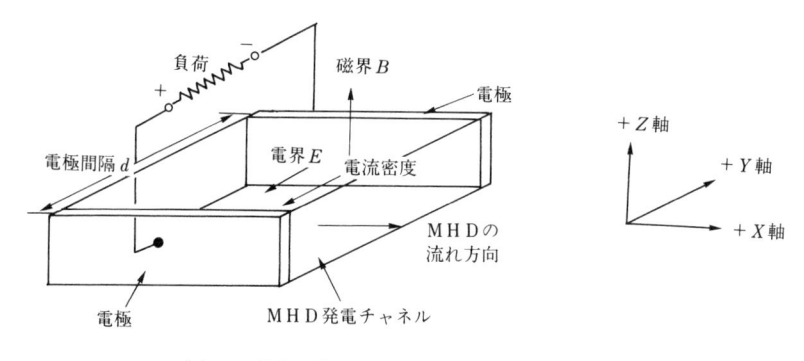

(a) ファラデー型MHD発電

(b) ホール型MHD発電器

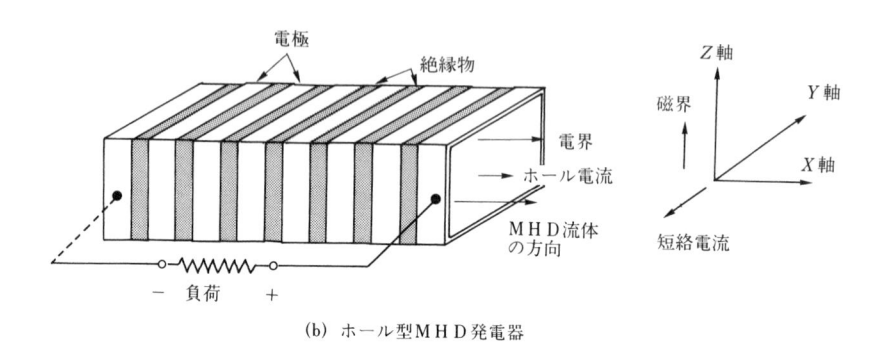

図5.21　MHD構造概念図

Csなど)をシードとして加えて電気伝導度を上昇させている。

(b)のホール型はファラデー型の電極を短絡して短絡電流を流し、上流と下流の電極間に生じた起電力（ホール起電力）を利用する。チャネルの長さに応じた出力電圧を取れることが特徴である。

# 5.8 有害ガス処理

21世紀に入り，地球温暖化，オゾン層の破壊，ダイオキシンなどの環境ホルモンをはじめとして有害ガスに関するの環境問題への関心が一段と高まっている。これらの環境問題は，世界中の生態系を大きく変えるばかりでなく，今後の地球環境に取り返しのつかない痕跡を残してしまう恐れがある。これらの技術的な対応策として，1980年代から有害ガス処理へのプラズマの応用が盛んに研究されてきた。

熱的に非平衡な状態，つまり気体の温度やイオン温度に比べ，電子温度が非常に高い状態のプラズマは，電子衝突でつくられるイオンやラジカルが常温では起こらない化学反応を促進させる。このようなプラズマは有害ガスを効率的に除去あるいは分解することが可能な媒体として有害ガス処理において有用であると考えられている。実用化で問題となるのは，処理時のエネルギー効率の向上と，プラズマで処理した後に安全な生成物質へと変換されることである。

一般に大気圧での非平衡プラズマは気体放電や電子ビームなどによって生成される。現在において，適用が考えられているものに，窒素酸化物（$NO_x$），硫黄酸化物（$SO_x$），フロン，$CO_2$，揮発性有機溶剤（VOC）などがある。中でも$NO_x$は車の排ガスなどに含まれているので早急な実用化が必要となっている。$NO_x$除去における放電プラズマ内の現象は，電子衝突によって1次的に生成されたイオンやラジカルが最初の反応を起こし，その後の反応を通して$N_2$，$H_2O$，$NH_4NO_3$などの各粒子に変換されていくものと考えられている。プラズマ化学反応による燃焼ガス（たとえば，$N_2$，$O_2$，$CO_2$，$H_2O$）中での$NO_x$の除去過程では，微量の$NH_3$を添加して反応を促進させている。実用化に向けて精力的に研究開発が行われているが，特に自然環境中で起こるこれらの反応は局所的でかつ非常に複雑である。非平衡プラズマでの有害ガス処理のほかに，アークプラズマのような熱平衡プラズマによるフロンガス分解も試みられている。

# 5.9 照明

## 5.9.1 蛍光灯

　放電プラズマを照明に利用した最も身近な例に蛍光ランプがある。蛍光ランプは熱陰極をもつ低圧水銀グロー放電管であり，放電によって発生する紫外線を管壁に塗布された蛍光物質によって可視光に変換して利用している。蛍光灯は白熱電球と比較すると以下のような利点がある。

① 効率が高い
② 熱放射が少ない
③ 寿命が長い
④ 輝度が低い
⑤ 種々の光色が得られる

などである。欠点としては，点灯装置を必要とすることと，明るさを調整する調光がしにくいことである。図5.22に蛍光ランプの構造を示す。

　通常，ガラス管の両端に鉛ガラスで作られたステムが取りつけられ，タングステンの2重あるいは3重コイルのフィラメントに電子放射物質を塗布して電

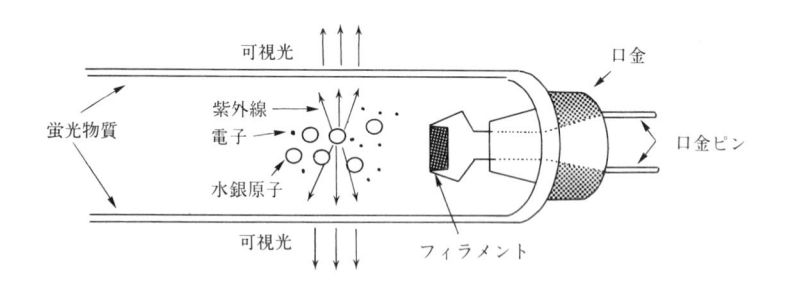

図 5.22 蛍光灯ランプ

極が形成される。電子放射物質としてはバリウム，ストロンチウム，カルシウムを主体とした酸化物が使用される。

　管の内壁には蛍光物質が塗布され，管内を真空に排気後，水銀粒と200～300［Pa］程度のアルゴンの希薄ガスが封入される。アルゴンガスは水銀原子の励起が起こりやすくするためのものである。

　加熱された電極のフィラメントから放射された熱電子が水銀の原子と衝突して励起させる。励起された水銀原子は$10^{-8}$～$10^{-9}$秒程度の時間でエネルギーの低い基底状態に戻る。このとき衝突によって吸収した運動エネルギーを紫外線として放出する。このような蛍光灯ランプ中のプラズマ温度は約0.5［eV］（数千度）程度で，プラズマの密度は$10^{16}$～$10^{17}$［個/m³］程度である。

　波長253.7 nmの紫外線で管内壁の蛍光物質を励起して可視光を発生する。蛍光物質は得たい光源色によって選ばれるが，たとえば，ハロリン酸カルシウムにアンチモンやマンガンのような活性体を数％加えて発光させると白色の非常に明るい蛍光を発する。

### 5.9.2　水銀ランプ

　水銀ランプは水銀蒸気中での放電による発光を利用したランプである。蛍光ランプのように管壁に塗布された蛍光物質の発する可視光を利用するのではなく，水銀原子が励起によって発する可視光を利用する。図5.23に水銀ランプの概略構造を示す。管内の水銀蒸気の圧力を高くすると，紫外線の発生量に対して可視光が多く発生するようになるので，蒸気の圧力を高くして用いる。このランプは効率の良い強い光を発するので屋外の競技場や公園などの広い敷地に多く用いられている。管内壁に蛍光物質を塗布して光色を改善し，工場や屋内遊技場などの屋内照明に用いられる場合もある。点灯させるには蛍光灯と同じく点灯装置が必要である。点灯した後，定常の明るさに達するまで約10分程度かかってしまうのが大きな欠点である。

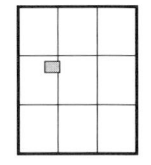

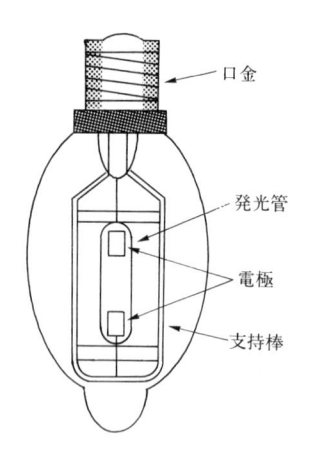

**図 5.23** 高圧水銀ランプ

### 5.9.3 ナトリウムランプ

　高速道路やトンネル照明などによく見かけられるナトリウムランプは，ナトリウム蒸気中の放電による発光を利用したランプである。管内に封入されるナトリウム蒸気の圧力により低圧ナトリウムランプと高圧ナトリウムランプに分けられる。

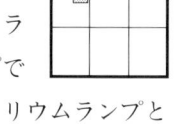

　低圧ナトリウムランプは $0.5[Pa]$ 程度のナトリウム蒸気が封入されており，点灯を容易にするために少量のネオンやアルゴンガスを混入する。低圧ナトリウムランプは，ナトリウム蒸気中での放電によって発生したD線と呼ばれる線スペクトルを利用する。このスペクトルの波長は 589 nm と 598.6 nm で黄橙色の単色光を発生する。単色光のためものが自然な色に見えない演色性の悪い光源となるが，効率が非常によいので演色性を重視しない道路照明などに用いられている。

　高圧ナトリウムランプは，$2\times10^4[Pa]$ 程度のナトリウム蒸気中の放電による発光を利用したランプである。ナトリウムの蒸気圧力を高くしていくと発光

スペクトルの波長域が広がり，発光色は黄白色となって連続スペクトルで演色性が改善された発光が可能となる。点灯を容易にするためと発光効率を上げるために少量の水銀やキセノンガスなどが混入される。高い発光効率と改善された演色性のため屋内倉庫や工場などの照明に用いられている。

## 参 考 文 献

1) 提井信力:「プラズマ基礎工学」, 内田老鶴圃 (1995)
2) 金原粲:「スパッタリング現象—基礎と薄膜・コーティング技術への応用—」, 東京大学出版会 (1984)
3) 麻蒔立男:「薄膜作成の基礎」, 日刊工業新聞社 (1996)
4) 岡部敏弘:「木質系多孔質炭素材料　ウッドセラミックス」, 内田老鶴圃 (1996)
5) 池内平樹・御子柴茂生:「プラズマディスプレイのすべて」, 工業調査会 (1997)
6) 松本正一:「電子ディスプレイ」, オーム社 (1995)
7) 京都ハイパワーテクノロジー研究会編:「パルスパワー工学の基礎と応用」, 近代科学社 (1992)
8) 藤本三治:「電気エネルギー変換工学」, 電気書院 (1980)
9) 日本工業機械連合会・先端加工機械技術振興協会:「プラズマの利用に関する調査研究」, (1993)
10) 西川泰治, 田中基彦:「高温プラズマの物理」, 丸善 (1990)
11) 本多侃士:「気体放電現象」, 東京電機大学出版局 (1964)
12) 谷本充司:「プラズマ—エレクトロニクスからエネルギー応用まで—」, 電気書院 (1989)
13) 提井信力:「現代のプラズマ工学」, 講談社 (1997)
14) 赤崎正則:「基礎高電圧工学」, 昭晃堂 (1978)
15) 野田健一:「レーザと光ファイバ通信」, 共立出版 (1983)
16) 中野義映:「大学課程高電圧工学」, オーム社 (1991)
17) 入江克:「新しい核融合への道—トカマクは超えられるか—」, 丸善株式会社 (1988)
18) 吉田貞史:「薄膜」, 培風館 (1990)
19) Brian N. Chapman 著・岡本幸雄訳:「プラズマプロセッシングの基礎」, 電気書院 (1985)
20) 高村秀一:「プラズマ加熱基礎論」, 名古屋大学出版会 (1985)
21) 飯島徹穂・城　和彦・大竹祐吉:「レーザ技術活用マニュアル」, 工業調査会 (1994)
22) 田幸敏治・飯島徹穂他:「レーザフォトニクス」, 共立出版 (1993)
23) 加藤鞆一:「核融合はなぜむずかしいか」, 丸善株式会社 (1990)
24) 飯島徹穂・大塚寿次・飯田俊郎:「真空技術活用マニュアル」, 工業調査会 (1990)
25) 永田武・等松隆夫:「超高層大気の物理学」, 裳華房 (1973)
26) 国立天文台編:「理科年表」, 丸善株式会社 (1993)

27) 大林辰蔵：「宇宙空間物理学」, 裳華房 (1970)
28) 大家寛：宇宙空間のプラズマ実験室, 日本物理学会誌, 29, 2 (1974)
29) 後藤憲一：「プラズマの世界—第四の物質状態をさぐる—」, 講談社 (1968)
30) 大澤幸治：自然界のプラズマ, プラズマ・核融合学会誌, 69, 2 (1992)
31) 松井孝典他：「岩波講座　地球惑星科学　1.地球惑星科学入門」, 岩波書店 (1996)
32) 小沼光晴他：「プラズマと成膜の基礎」, 日刊工業新聞社 (1986)
33) 岡田実, 荒田吉明：「プラズマ工学」, 日刊工業新聞社 (1965)

# 付　録

## 物理定数表

| 物理量 | 記号 | SI |
|---|---|---|
| 真空中光速 | $c$ | $2.997925 \times 10^8 \mathrm{m \cdot s^{-1}}$ |
| 万有引力定数 | $G$ | $6.6726 \times 10^{-11} \mathrm{N \cdot m^2 \cdot kg^{-2}}$ |
| プランク定数 | $h$ | $6.6261 \times 10^{-34} \mathrm{J \cdot s}$ |
| 原子質量単位 | $m_\mathrm{u}$ | $1.6605 \times 10^{-27} \mathrm{kg}$ |
| 陽子の静止質量 | $m_\mathrm{p}$ | $1.6726 \times 10^{-27} \mathrm{kg}$ |
| 電子の静止質量 | $m_\mathrm{e}$ | $9.1094 \times 10^{-31} \mathrm{kg}$ |
| 素電荷 | $e$ | $1.6022 \times 10^{-19} \mathrm{C}$ |
| アボガドロ数 | $N_\mathrm{A}$ | $6.0221 \times 10^{23} \mathrm{mol^{-1}}$ |
| ボルツマン定数 | $k$ | $1.3806 \times 10^{-23} \mathrm{J \cdot K^{-1}}$ |
| 気体定数 | R | $8.3145 \times 10^0 \mathrm{J \cdot mol^{-1} \cdot K^{-1}}$ |
| 古典電子半径 | $r_\mathrm{e}$ | $2.8179 \times 10^{-15} \mathrm{m}$ |
| ボーア半径 | $a_0$ | $5.2918 \times 10^{-11} \mathrm{m}$ |
| コンプトン波長 | | |
| 　　電子 | $\lambda_\mathrm{c}$ | $2.4263 \times 10^{-12} \mathrm{m}$ |
| 　　陽子 | $\lambda_\mathrm{cp}$ | $1.3214 \times 10^{-15} \mathrm{m}$ |
| 微細構造定数 | $\alpha$ | $7.2974 \times 10^{-3}$ |
| リドベリ定数 | $R_\infty$ | $1.0974 \times 10^7 \mathrm{m^{-1}}$ |
| 1 eV のエネルギー | $\varepsilon_0$ | $1.6022 \times 10^{-19} \mathrm{J}$ |
| 陽子・電子質量比 | $m_\mathrm{p}/m_\mathrm{e}$ | $1.836 \times 10^3$ |
| 真空の誘電率 | $\varepsilon_0$ | $8.8542 \times 10^{-12} \mathrm{F \cdot m^{-1}}$ |
| 真空の透磁率 | $\mu_0$ | $4\pi \times 10^{-7} \mathrm{H \cdot m^{-1}}$ |
| 地球平均半径 | $a$ | $6.378 \times 10^6 \mathrm{m}$ |
| 地球の質量 | $M_0$ | $5.98 \times 10^{24} \mathrm{kg}$ |
| 地表面重力加速度 | $g_0$ | $9.8067 \times 10^0 \mathrm{m \cdot s^{-2}}$ |
| 地表面大気圧 | $P_0$ | $1.01325 \times 10^5 \mathrm{N \cdot m^{-2}}$ |
| 1 日 | Day | $86400 \mathrm{s}$ |
| 1 年 | year | $3.1536 \times 10^7 \mathrm{s}$ |
| 1 光年 | Light Year | $9.46 \times 10^{15} \mathrm{m}$ |
| 1 天文単位距離 | AU | $1.4959 \times 10^{11} \mathrm{m}$ |
| 1 パーセク | pc | $3.09 \times 10^{16} \mathrm{m}$ |
| 地球—月平均距離 | — | $3.844 \times 10^8 \mathrm{m}$ |
| 太陽半径 | — | $6.96 \times 10^8 \mathrm{m}$ |

## 元素の電離電圧

| 元素 | 第一電離電圧 [eV] | 第二電離電圧 [eV] | 元素 | 第一電離電圧 [eV] | 第二電離電圧 [eV] |
|---|---|---|---|---|---|
| 1 H | 13.598 | | 50 Sn | 7.344 | 14.63 |
| 2 He | 24.587 | 54.416 | 51 Sb | 8.641 | 16.53 |
| 3 Li | 5.392 | 75.638 | 52 Te | 9.009 | 18.6 |
| 4 Be | 9.322 | 18.211 | 53 I | 10.451 | 19.13 |
| 5 B | 8.298 | 25.154 | 54 Xe | 12.130 | 21.21 |
| 6 C | 11.260 | 24.383 | 55 Cs | 3.894 | 25.1 |
| 7 N | 14.534 | 29.601 | 56 Ba | 5.212 | 10.00 |
| 8 O | 13.618 | 35.116 | 57 La | 5.577 | 11.06 |
| 9 F | 17.422 | 34.970 | 58 Ce | 5.47 | 10.85 |
| 10 Ne | 21.564 | 40.962 | 59 Pr | 5.42 | 10.55 |
| 11 Na | 5.139 | 47.286 | 60 Nd | 5.49 | 10.72 |
| 12 Mg | 7.646 | 15.035 | 61 Pm | 5.55 | 10.90 |
| 13 Al | 5.986 | 18.828 | 62 Sm | 5.63 | 11.07 |
| 14 Si | 8.151 | 16.345 | 63 Eu | 5.67 | 11.25 |
| 15 P | 10.486 | 19.725 | 64 Gd | 6.14 | 12.1 |
| 16 S | 10.360 | 23.33 | 65 Td | 5.85 | 11.52 |
| 17 Cl | 12.967 | 23.81 | 66 Dy | 5.93 | 11.67 |
| 18 Ar | 15.759 | 27.629 | 67 Ho | 6.02 | 11.80 |
| 19 K | 4.341 | 31.625 | 68 Er | 6.10 | 11.93 |
| 20 Ca | 6.113 | 11.871 | 69 Tm | 6.18 | 12.05 |
| 21 Sc | 6.54 | 12.80 | 70 Yb | 6.25 | 12.17 |
| 22 Ti | 6.82 | 13.58 | 71 Lu | 5.43 | 13.9 |
| 23 V | 6.74 | 14.65 | 72 Hf | 7.0 | 14.9 |
| 24 Cr | 6.766 | 16.50 | 73 Ta | 7.89 | |
| 25 Mn | 7.435 | 15.640 | 74 W | 7.98 | |
| 26 Fe | 7.870 | 16.18 | 75 Re | 7.88 | |
| 27 Co | 7.86 | 17.06 | 76 Os | 8.7 | |
| 28 Ni | 7.635 | 18.168 | 77 Ir | 9.1 | |
| 29 Cu | 7.726 | 20.292 | 78 Pt | 9.0 | 18.56 |
| 30 Zn | 9.394 | 17.964 | 79 Au | 9.225 | 20.5 |
| 31 Ga | 5.999 | 20.51 | 80 Hg | 10.437 | 18.75 |
| 32 Ge | 7.899 | 15.93 | 81 Ti | 6.108 | 20.43 |
| 33 As | 9.81 | 18.63 | 82 Pb | 7.416 | 15.03 |
| 34 Se | 9.752 | 21.19 | 83 Bi | 7.289 | 16.69 |
| 35 Br | 11.814 | 21.8 | 84 Po | 8.42 | |
| 36 Kr | 13.999 | 24.35 | 85 At | | |
| 37 Rb | 4.177 | 27.28 | 86 Ru | 10.748 | |
| 38 Sr | 5.695 | 11.03 | 87 Fr | | |
| 39 Y | 6.38 | 12.24 | 88 Ra | 5.279 | 10.15 |
| 40 Zr | 6.84 | 13.13 | 89 Ac | 6.9 | 12.1 |
| 41 Nb | 6.88 | 14.32 | 90 Th | 6.95 | 11.5 |
| 42 Mo | 7.099 | 16.15 | 91 Pa | | |
| 43 Tc | 7.28 | 15.26 | 92 U | | |
| 44 Ru | 7.37 | 16.76 | 93 Np | | |
| 45 Rh | 7.46 | 18.08 | 94 Pu | 5.8 | |
| 46 Pd | 8.34 | 19.43 | 95 Am | 6.0 | |
| 47 Ag | 7.576 | 21.49 | 96 Cm | | |
| 48 Cd | 8.993 | 16.91 | 97 Bk | | |
| 49 In | 5.786 | 18.87 | 98 Cf | | |

## エネルギー換算表

| | eV | erg | cm$^{-1}$ | Hz | K | G | J·mol$^{-1}$ | kcal·mol$^{-1}$ | 備考 |
|---|---|---|---|---|---|---|---|---|---|
| 1 eV = | 1 | 1.60217733 ×10$^{-12}$ | 8.0655410 ×10$^{3}$ | 2.41798836 ×10$^{14}$ | 1.160445 ×10$^{4}$ | 1.72759830 ×10$^{8}$ | 9.6485309 ×10$^{4}$ | 2.30492 ×10$^{1}$ | |
| 1 erg = | 6.2415064 ×10$^{11}$ | 1 | 5.0341125 ×10$^{15}$ | 1.5091897 ×10$^{26}$ | 7.242924 ×10$^{15}$ | 1.07828158 ×10$^{20}$ | 6.0221367 ×10$^{16}$ | 1.43862 ×10$^{13}$ | |
| 1 cm$^{-1}$ = | 1.23984244 ×10$^{-4}$ | 1.9864475 ×10$^{-16}$ | 1 | 2.99792458 ×10$^{10}$ | 1.438769 | 2.1411497 ×10$^{4}$ | 1.1962658 ×10$^{1}$ | 2.85774 ×10$^{-3}$ | $hc$×波数 |
| 1 Hz = | 4.1356692 ×10$^{-15}$ | 6.6260755 ×10$^{-27}$ | 3.335640952 ×10$^{-11}$ | 1 | 4.799216 ×10$^{-11}$ | 7.1447751 ×10$^{-7}$ | 3.99031323 ×10$^{-10}$ | 9.53241 ×10$^{-14}$ | $h$×周波数 |
| 1 K = | 8.617385 ×10$^{-5}$ | 1.380658 ×10$^{-16}$ | 6.950387 ×10$^{-1}$ | 2.083674 ×10$^{10}$ | 1 | 1.488738 ×10$^{4}$ | 8.314510 | 1.98624 ×10$^{-3}$ | $k$×温度 |
| 1 G = | 5.78833263 ×10$^{-9}$ | 9.2740154 ×10$^{-21}$ | 4.6686437 ×10$^{-5}$ | 1.39962418 ×10$^{6}$ | 6.717099 ×10$^{-5}$ | 1 | 5.5849389 ×10$^{-4}$ | 1.33418 ×10$^{-7}$ | $\mu_B$×磁界 |
| 1 J·mol$^{-1}$ = | 1.0364272 ×10$^{-5}$ | 1.6605402 ×10$^{-17}$ | 8.3593462 ×10$^{-2}$ | 2.50606893 ×10$^{9}$ | 1.202717 ×10$^{-1}$ | 1.7905299 ×10$^{3}$ | 1 | 2.38889 ×10$^{-4}$ | 構成粒子 1個分のエネルギー |
| 1 kcal·mol$^{-1}$ = | 4.33854 ×10$^{-2}$ | 6.95110 ×10$^{-14}$ | 3.49926 ×10$^{2}$ | 1.04905 ×10$^{13}$ | 5.03463 ×10$^{2}$ | 7.49525 ×10$^{6}$ | 4.18605 ×10$^{3}$ | 1 | |

## 圧力換算表

| | Pa [N·m$^{-2}$] | Torr [mmHg] | bar | kg/cm$^{2}$ | psi [℔/in$^{2}$] | atm | 水柱 [15°C] m |
|---|---|---|---|---|---|---|---|
| 1 Pa [N·m$^{-2}$] = | 1 | 7.50062×10$^{-3}$ | 10$^{-5}$ | 1.01972×10$^{-5}$ | 1.45038×10$^{-4}$ | 9.86923×10$^{-6}$ | 1.02064×10$^{-4}$ |
| 1 Torr = | 133.322 | 1 | 1.33322×10$^{-3}$ | 1.35951×10$^{-3}$ | 1.93368×10$^{-2}$ | 1.31579×10$^{-3}$ | 1.36074×10$^{-2}$ |
| 1 bar = | 10$^{5}$ | 750.062 | 1 | 1.01972 | 14.5038 | 0.986923 | 10.2064 |
| 1 kg/cm$^{2}$ = | 9.80665×10$^{4}$ | 735.559 | 0.980665 | 1 | 14.2233 | 0.967841 | 10.0090 |
| 1 psi = | 6.89476×10$^{3}$ | 51.7149 | 6.89476×10$^{-2}$ | 7.03070×10$^{-2}$ | 1 | 6.80460×10$^{-2}$ | 0.703704 |
| 1 atm = | 1.01325×10$^{5}$ | 760 | 1.01325 | 1.03323 | 14.6959 | 1 | 10.3416 |
| 1 水柱 [15°C] m = | 9.79781×10$^{3}$ | 73.4896 | 9.79781×10$^{-2}$ | 9.99099×10$^{-2}$ | 1.42105 | 9.66969×10$^{-2}$ | 1 |

(注): psi: pound per square inch

## さくいん

### 【あ】
アーク放電 …………………… 63
アーク放電プラズマ ………… 13, 64
アストン暗部 ………………… 60
アスペクト比 ………………… 107
アモルファス材料 …………… 103
アモルファスシリコン ……… 103
アロエッタ …………………… 98

### 【い】
イオン温度 …………………… 33
イオンシース ………………… 91
イオン電流飽和領域 ………… 92, 94
イオンビームスパッタリング … 107
イグナイトロン ……………… 128
陰極輝点 ……………………… 65
陰極グロー …………………… 60
陰極降下 ……………………… 62

### 【う】
ウェットプロセス …………… 102
渦気流安定化アーク ………… 71
宇宙プラズマ ………………… 12
ウッドセラミックス ………… 109

### 【え】
HⅠ領域 ……………………… 55
HⅡ領域 ……………………… 55
エキシマ ……………………… 122
エキシマレーザ ……………… 122
液体プラズマ ………………… 18
エネルギー移行反応 ………… 118

### 【お】
オーロラ ……………………… 49

### 【か】
回転 …………………………… 24
解離 …………………………… 24
解離再結合 …………………… 29
化学蒸着法 …………………… 102
化学的エッチング …………… 108
化学的気相成長法 …………… 102
化学反応活性化 ……………… 18
核 ……………………………… 50
核融合 ………………………… 18, 131
活性化粒子 …………………… 102
雷 ……………………………… 10, 42
間接放電型 …………………… 112
完全電離プラズマ …………… 8

### 【き】
気体レーザ …………………… 116
吸光法 ………………………… 87

| | |
|---|---|
| 銀河 | 54 |
| 銀河団 | 54 |

【く】

| | |
|---|---|
| クルックス暗部 | 60 |
| グロー放電 | 63 |
| グロー放電プラズマ | 13, 59, 60 |
| クロサトロン | 127 |

【け】

| | |
|---|---|
| 蛍光灯 | 140 |

【こ】

| | |
|---|---|
| 高温プラズマ化学反応 | 115 |
| 高気圧アーク放電 | 69 |
| 光球 | 50 |
| 光源 | 20 |
| 高周波放電プラズマ | 14 |
| 固体プラズマ | 18 |
| コロナ | 51 |

【さ】

| | |
|---|---|
| サイクロトロン運動 | 78 |
| 再結合 | 40 |
| サイラトロン | 127 |

【し】

| | |
|---|---|
| シース | 91 |
| 磁界型放電 | 81 |
| 磁気嵐 | 48 |
| 磁気圏 | 46, 47 |
| 磁気圏界面 | 47 |
| 磁気圏サブストーム | 48 |
| 磁気圏の構造 | 47 |
| 磁気シース | 47 |
| 自己加熱型アーク放電 | 69 |
| 自爆形 | 129 |
| 弱電離プラズマ | 9 |
| 主放電 | 43 |
| 準安定状態 | 38 |
| 常温核融合 | 135 |
| 衝撃波 | 58 |
| 衝突反応素過程 | 29 |
| 照明 | 140 |
| 磁力線再結合 | 48 |
| 真空アークプラズマ | 65 |
| 真空紫外光 | 58 |
| シングルプローブ法 | 91 |
| 人工核融合 | 132 |
| 人工的なプラズマ | 13 |
| 振動 | 24 |

【す】

| | |
|---|---|
| 水銀ランプ | 141 |
| 彗星 | 53 |
| スパークギャップスイッチ | 129 |
| スパッタ率 | 106 |
| スパッタリング | 105 |
| スレッショルドエネルギー | 106 |

【せ】

| | |
|---|---|
| 星間雲 | 55 |
| 星間空間 | 54 |

生成・分解 ………………… 18
セル ………………………… 112
遷移領域 …………………… 94
先行放電 …………………… 43

【そ】

阻止放電 …………………… 125

【た】

ターゲット ………………… 105
大気圏の構造 ……………… 11
体積再結合 ………………… 40
太陽 ………………………… 50
太陽系空間 ………………… 53
太陽コロナ ………………… 53
太陽の構造 ………………… 50
太陽風 …………………… 46,53
太陽フレアー …………… 46,51
対流層 ……………………… 50
多孔質性 …………………… 109
ダブルプローブ法 ………… 94
弾性衝突 …………………… 36

【ち】

超銀河団 …………………… 54
超空胴 ……………………… 54
直接電離 …………………… 29
直接放電型 ………………… 112

【て】

低気圧アーク放電 ………… 66
低電圧アークプラズマ …… 65

デバイ遮蔽 ………………… 28
デバイ長 …………………… 28
デリンジャー現象 ………… 46
電界イオン化 ……………… 58
電界型放電 ………………… 81
電荷交換反応 ……………… 30
電荷二重層 ………………… 69
電子・イオンの消失 ……… 40
電子温度 ………………… 25,33,93
電子温度とガス温度 ……… 29
電子サイクロトロン共鳴 … 79
電子サイクロトロン波 …… 80
電子電流飽和領域 ………… 93
電子電流流入領域 ………… 92
電子なだれ ………………… 42
電磁流体 …………………… 20
電波探査法 ………………… 96
電離 ……………………… 8,24,37
電離圏 ……………………… 45
電離層 ……………………… 45
電離電圧 …………………… 25

【と】

導電性 ……………………… 24
導電率 ……………………… 25
トカマク …………………… 133
トップサイドサウンディング法 … 98
ドライプロセス ………… 77,102
トリガ形 …………………… 129

トロイダル放電 ……………………… 133

【な】

内部エネルギー ……………………… 23
ナトリウムランプ …………………… 142

【に】

2極放電型 …………………………… 103
2段階励起 ……………………………… 30

【ね】

熱陰極アーク放電 …………………… 66
熱運動 ………………………………… 24
熱的ピンチ …………………………… 115
熱的利用 ……………………………… 18
熱電子放電型 ………………………… 103
熱プラズマ …………………………… 13
燃焼 …………………………………… 58

【は】

パーセク ……………………………… 55
発光色 ………………………………… 63
発光分光法 …………………………… 86
波動現象 ……………………………… 28
半導体プラズマプロセス …………… 102

【ひ】

光電離 ………………………………… 46
非弾性衝突 …………………………… 36
火の玉形式 …………………………… 66
非平衡プラズマ ……………………… 29
表面再結合 …………………………… 40
表面処理 ……………………………… 18

【ふ】

ファラデー暗部 ……………………… 62
ファラデー型 ………………………… 137
負イオン ……………………………… 40
不完全プラズマ ……………………… 8
負グロー ……………………………… 62
物理的エッチング …………………… 109
物理的蒸気凝縮法 …………………… 105
プラズマ ……………………………… 8
プラズマCVD ………………………… 102
プラズマエッチング ………………… 107
プラズマ加工 ………………………… 114
プラズマ圏 …………………………… 47
プラズマ高温熱分解 ………………… 115
プラズマシート ……………………… 48
プラズマジェット …………………… 115
プラズマ周波数 ……………………… 27
プラズマ振動 …………………… 26, 27
プラズマスイッチ …………………… 125
プラズマ切断 ………………………… 116
プラズマディスプレイ ……………… 111
プラズマ電位 ………………………… 93
プラズマの圧力 ……………………… 24
プラズマの基礎過程 ………………… 36
プラズマの状態（自然界の）……… 15
プラズマの状態（人工的な）……… 16
プラズマの導電率 …………………… 25
プラズマの物理的性質 ……………… 22

プラズマ波動 …………………… 28
プラズマ溶射 …………………… 116
プラズマ溶接 …………………… 116
プラズマ利用技術 ……………… 18
プローブ法 ……………………… 90
プローブ理論 …………………… 91
分子雲 …………………………… 55
分子の速度分布 ………………… 31

【へ】

平均自由行程 ………………… 35, 65
ペニング電離 …………………… 39
ペニング励起 …………………… 30
ヘリコン波 ……………………… 80
ヘリコン波励起プラズマ ……… 80

【ほ】

ボイド …………………………… 54
放射再結合 ……………………… 29
放射線 …………………………… 58
放射層 …………………………… 50
放電 ……………………………… 57
放電プラズマ …………………… 13
ホール型 ………………………… 137
ホロー陰極効果 ………………… 72
ホロー陰極放電プラズマ ……… 71
ホロー陰極レーザ ……………… 123
ポンピング ……………………… 116

【ま】

マイクロ波プラズマ …………… 14

マイクロ波領域 ………………… 14
マグネトロン放電型 …………… 103

【む】

無電極放電型 …………………… 103

【も】

木酢液 …………………………… 110
木星磁気圏 ……………………… 56

【ゆ】

有害ガス処理 …………………… 139
誘導結合型プラズマ …………… 81
誘導結合型 ……………………… 77
弓形衝撃波 ……………………… 47

【よ】

陽極暗部 ………………………… 62
陽極グロー ……………………… 62
陽極グロー形式 ………………… 66
ようこう ………………………… 51
陽光柱 …………………………… 62
容量結合型 ……………………… 77
容量結合型高周波放電 ………… 75

【ら】

ラジカル ………………………… 102
ラングミュア …………………… 8

【る】

累積電離 ……………………… 29, 39

【れ】

冷陰極型アーク放電 …………… 69
冷陰極放電管 …………………… 60

| | |
|---|---|
| 励起 …………………………… *37* | electron‐cyclotron‐resonance plasma …………………… *78* |
| 励起状態 ………………………… *37* | E 層 ……………………………… *46* |
| レーザ干渉法 …………………… *96* | $F_1$ 層 …………………………… *46* |
| レーザ光 ………………………… *58* | $F_2$ 層 …………………………… *46* |
| レーザ散乱法 …………………… *96* | helicon-wave excited plasma …… *78* |
| レーザビーム法 ………………… *96* | He-Ne レーザ ………………… *117* |
| レーザ誘起蛍光法 ……………… *96* | inductively coupled plasma …… *78* |
| 【ろ】 | Langmuir ………………………… *8* |
| ローソン条件 ………………… *133* | Maxwell の速度分布則 ………… *31* |
| 【英字】 | Maxwell 分布 …………………… *31* |
| AC 型 ………………………… *112* | MHD 発電 …………………… *137* |
| a-Si …………………………… *103* | PDP …………………………… *111* |
| Chemical Vapor Deposition …… *102* | Physical Vapor Deposition …… *105* |
| $CO_2$ レーザ ………………… *119* | p-p 反応 ……………………… *131* |
| CVD …………………………… *102* | PVD …………………………… *105* |
| CVD 装置 …………………… *103* | Sputtering …………………… *105* |
| DC 型 ………………………… *112* | Topside Sounding ……………… *98* |
| D 層 ……………………………… *46* | 【その他】 |
| ECR ……………………………… *79* | $\alpha$ 作用 ……………………… *76* |
| ECR プラズマ ………………… *78* | $\gamma$ 作用 ……………………… *76* |
| ECR 放電型 …………………… *103* | |

### 著 者 略 歴

飯島　徹穂（いいじま・てつお）
　東京理科大学卒業
　工学博士（北海道大学）
　成蹊大学工学部助手，講師
　職業能力開発総合大学校東京校教授を経て，
　ST 教育研究所代表
　現在に至る

近藤　信一（こんどう・のぶかず）
　東京電機大学卒業
　東京電機大学大学院修士課程修了
　群馬大学大学院博士後期課程修了
　工学博士（群馬大学）
　東京職業能力開発短期大学校助教授を経て，
　大連理工大学・大学院客員教授，（株）CREW 研究所主席研究員
　現在に至る

青山　隆司（あおやま・たかし）
　名古屋大学卒業
　東北大学大学院修士課程修了
　東北大学大学院博士後期課程修了
　理学博士（東北大学）
　東北職業能力開発大学校講師を経て，
　福井工業大学電気電子情報工学科教授
　現在に至る

---

はじめてのプラズマ技術　　Ⓒ 飯島徹穂・近藤信一・青山隆司　2011

2011 年 8 月 16 日　第 1 版第 1 刷発行　　【本書の無断転載を禁ず】

著　　者　飯島徹穂・近藤信一・青山隆司
発 行 者　森北博巳
発 行 所　森北出版株式会社
　　　　　東京都千代田区富士見 1-4-11（〒102-0071）
　　　　　電話 03-3265-8341／FAX 03-3264-8709
　　　　　http://www.morikita.co.jp/
　　　　　日本書籍出版協会・自然科学書協会・工学書協会　会員
　　　　　JCOPY　＜（社）出版者著作権管理機構　委託出版物＞

落丁・乱丁本はお取替えいたします　　　印刷・製本／三美印刷

**Printed in Japan／ISBN978-4-627-78611-0**